文化價值觀
與會計準則應用

胡本源 著

財經錢線

摘　要

　　全球經濟一體化要求實現會計準則的國際協調。中國的會計準則除了極個別地方與國際財務報告準則尚存一定差異以外，準則體系已實現了與國際財務報告準則的實質性趨同。現有研究表明：會計準則在形式上的一致性和實際運用上的一致性之間存在差別。即使發布一套被普遍接受和認可的會計準則也只能保證會計準則在形式上的一致性，而並不能保證會計人員在運用會計準則時的一致性。會計準則僅僅為會計人員提供了不完全的指引，會計人員必須運用職業判斷（Brown, Collins, & Thornton, 1993）。因此，提高會計信息的可比性不僅要求會計準則在形式上一致，更重要的還是取決於會計人員解釋和運用會計準則的方式是否一致。

　　會計活動不是一種單純的技術過程，而是一種人類的活動。因此，會計人員解釋和應用會計準則時的職業判斷行為必然會受到文化價值觀的影響。國內外現有的研究表明，會計人員個人的文化價值觀會影響其職業判斷。但是現有的實證研究普遍存在「文化價值觀如何影響會計人員職業判斷行為的邏輯線路並不清楚」這一問題，因此，本書就文化價值觀影響會計人員應用會計準則的機理進行了研究。

　　本書從文化影響會計人員認知能力和心理過程的角度，從理論上分析了文化價值觀影響會計人員應用會計準則的機理。在此基礎上，本書使用調查問卷方法，以新疆維吾爾自治區漢族、維吾爾族、哈薩克族和回族等主要民族的會計人員作為調查對象，收集了453份調查問卷。本書採用Schwartz等（2001）的個人價值觀問卷（PVQ）度量了會計人員的文化價值觀，設計了資產屬性和謹慎性原則屬性兩個態度量表來度量對會計概念的解釋，並選擇了兩個情景案例來觀察會計人員在應用會計準則時在會計信息決策有用性判斷、或有負債確認的判斷和或有負債計量的判斷這三個環節所涉及的會計職業判斷行為。

　　本書的研究發現：①各民族會計人員的文化價值觀存在顯著的差異；②具有不同文化價值觀的會計人員對資產概念的解釋並不相同；③具有不同文化價

值觀的會計人員對會計信息決策有用性的判斷並不相同；④具有不同文化價值觀的會計人員對謹慎性原則的解釋並不相同；⑤具有不同文化價值觀的會計人員在編製對外財務報告時，對或有負債可能性的確認是不同的；具有不同文化價值觀的會計人員在編製對外財務報告時，在決定確認一項或有負債時，或有負債計量金額的大小是不同的；⑥文化價值觀是通過影響會計概念的解釋來影響會計人員的職業判斷行為的。本書的研究結果發現，文化價值觀影響會計人員應用會計準則的機理是：文化價值觀是通過影響會計人員對會計概念的解釋來影響其職業判斷行為的。

　　本書的研究結果表明，會計準則全球趨同不應該僅僅停留在引入一套通用的會計準則上。會計人員應用會計準則時，其判斷和決策行為會受到文化價值觀的影響。為了實現會計準則在各國家之間真正的趨同，在應用會計準則時還需要瞭解文化價值觀是如何影響判斷和決策行為的。

關鍵詞：文化價值觀；會計準則應用；會計概念；職業判斷

目　錄

第一章　引言 / 1
　　一、研究背景 / 1
　　二、研究的問題和研究的意義 / 3
　　三、研究方法 / 5
　　四、概念界定 / 6
　　五、價值觀分析水準的選擇 / 7
　　六、本書的結構 / 7

第二章　文獻綜述 / 9
第一節　文化價值觀對財務報告影響的相關文獻綜述 / 9
　　一、國外相關文獻綜述 / 9
　　二、國內相關文獻綜述 / 18
　　三、文獻述評 / 18
第二節　文化對人類思維模式的影響的相關文獻綜述 / 20
　　一、東西方文化的比較研究：理論基礎與經驗證據 / 21
　　二、文化差異的機制：啓動研究 / 25
　　三、文化神經系統科學的相關研究 / 26
　　四、小結 / 27

第三章　基於動機的人類基礎價值觀 / 28

第一節　Schwartz 的基礎價值觀 / 29

第二節　個體水準的價值觀 / 31

　　一、動機價值觀的類型 / 31

　　二、動機價值觀的衝突和相容 / 35

　　三、會計動機價值觀 / 38

第三節　肖像價值觀問卷 / 39

第四節　文化水準的價值觀 / 43

第四章　理論分析與研究假說 / 45

第一節　會計準則與職業判斷關係的理論分析 / 45

　　一、會計準則完備性的含義 / 45

　　二、會計準則應用的邏輯 / 46

　　三、職業判斷 / 47

第二節　文化價值觀與會計人員對會計概念的解釋 / 50

　　一、會計概念解釋不一致的實證研究證據 / 50

　　二、文化價值觀對會計概念解釋的影響 / 51

第三節　文化價值觀與會計人員的職業判斷 / 56

　　一、文化價值觀與決策有用性判斷 / 56

　　二、文化價值觀與或有負債的確認與計量 / 59

　　三、文化價值觀、會計概念解釋與會計職業判斷 / 65

第五章　研究方法 / 66

　　一、設計和程序 / 66

　　二、研究變量 / 67

　　三、調查問卷設計 / 69

　　四、問卷預測試和發放 / 76

第六章　實證研究結果 / 77

第一節　項目參與人特徵的描述性統計 / 77

一、參與人年齡 / 77

二、參與人性別 / 78

三、參與人民族 / 78

四、參與人受教育程度 / 79

五、參與人的工作崗位 / 79

六、參與人從事會計工作的年限 / 80

七、參與人的教育背景 / 80

第二節　會計人員的文化價值觀 / 80

一、動機價值觀的信度 / 81

二、動機價值觀的描述性統計 / 82

三、各民族會計人員之間文化價值觀的差異分析 / 85

第三節　研究假說的實證檢驗結果 / 97

一、研究假說一的實證檢驗結果 / 97

二、研究假說二的實證檢驗結果 / 102

三、研究假說三的實證檢驗結果 / 119

四、研究假說四和五的實證檢驗結果 / 122

五、研究假說六的實證檢驗結果 / 125

第七章　總結 / 129

第一節　研究結論和啟示 / 129

一、研究結論 / 129

二、研究啟示 / 132

第二節　研究貢獻、研究局限和未來的研究方向 / 132

一、研究貢獻 / 132

二、研究局限／ 133

　　三、未來的研究方向／ 133

參考文獻／ 134

附錄　調查問卷／ 147

第一章　引言

一、研究背景

　　全球經濟一體化要求實現會計準則的國際協調，即各國使用一套全球普遍接受和認可的高質量的財務報告準則。國際財務報告準則正是在這一背景下應運而生的。「公眾有權確信：不管一項業務活動發生在哪裡，對這項業務活動的處理應用的是同一套高質量的準則。如果投資者能夠依賴根據相似準則編製出的財務信息進行投資決策，他們更願意跨越國界進行分散化的投資。這樣一來，遵守一套由國際會計準則理事會（IASB）和國際審計與鑒證準則理事會（IAASB）等機構制定的國際準則，最終將會帶來更大的經濟發展」（Wong，2004）。共享一套全球普遍接受和認可的會計準則有利於增強各國之間會計信息的可比性與一致性，有利於資本的流動和投資的增長（Zeghal & Mhedhbi，2006），有利於提高公眾公司財務報告的質量並降低提供財務報告的成本（Ohlgart & Ernst，2011）。

　　目前已經有超過100個國家要求或允許採用國際財務報告準則，其中包括中國、歐盟成員國、加拿大、印度和巴西等國家（George, Li & Shivakumar, 2015; Ohlgart & Ernst, 2011; Peng & Van der Laan Smith, 2010; Zeghal & Mhedhbi, 2006）。「大型跨國公司都意識到了採納一套統一的財務報告準則的好處。那樣，公司的信息管理系統更為流暢，內部培訓更為方便，並且公司還可以更加便利地與外部利益相關者溝通（David Tweedie，原IASB主席）」。①

　　然而，各國之間會計信息是否可比不僅僅取決於各國會計準則在形式上是否一致。Tay和Parker（1990）區分了會計準則形式上的一致和事實上的一致。現有研究表明：會計準則在形式上的一致性和實際運用上的一致性之間存在著差別（Tay & Parker, 1990; Tsakumis, 2007; 等等）。即使發布一套被普

---

① 唐納德·基索，等. 中級會計學——基於IFRS（上冊）[M]. 周華，等譯. 北京：中國人民大學出版社，2018.

遍接受和認可的會計準則也只能保證會計準則形式上的一致性，而並不能保證會計人員在運用會計準則時的一致性。因此，提高會計信息的可比性不僅要求會計準則在形式上的一致，更重要的還是取決於會計人員解釋和運用會計準則的方式是否一致。其背後深層次的原因是：會計準則僅僅為會計人員提供了不完全的指引，會計人員必須運用職業判斷（Brown, Collins, & Thornton, 1993）。加拿大特許會計師協會在《財務報告中的職業判斷》中也指出：「財務信息編製者和審計師的職業判斷是財務報告的核心。如果沒有職業判斷所帶來的靈活性和智慧，財務會計程序、準則和規則所組成的複雜財務會計系統就會是笨拙的、反應遲鈍的、不敏感的。簡言之，是無法運作的。」（杰賓斯，梅森，2005）

現行的國際財務報告準則是以原則為導向制定的，對其應用包含著大量的職業判斷問題。例如，現行國際財務報告準中包含著大量諸如「很可能」「重大影響」等不確定的術語，這些不確定的術語要求會計人員應根據會計業務發生的情境做出適當的職業判斷，以提供高質量的會計信息。在以原則為基礎的環境中運用會計準則的最大挑戰是：需要有效、一致和公平地運用職業判斷（ICAS, 2010）。原則通常是一些較為寬泛的指引，報表編製者在將這些原則運用在交易處理時需要實施判斷（Tweedie, 2007）。自2006年以來，中國的會計準則實現了與國財務報告準則的趨同。中國的會計準則除了極個別地方與國際財務報告準則尚存一定差異以外，準則體系已實現了與國際財務報告準則的實質性趨同（劉玉廷，2007）。因此，恰當的會計職業判斷也是中國會計人員應用會計準則編製高質量財務報表的核心。

現有研究表明，會計職業判斷的運用受到個人的文化價值觀、職業訓練和教育等因素的影響（Oliver, 1974；Chesley, 1986；Houghton, 1987a, 1988；Harrison & Tomassini, 1989；Houghton & Messier, 1990；Amer 等, 1995；Hronsky & Houghton 2001；Doupnik & Richter, 2003；Doupnik & Riccio, 2006；Tsakumis, 2007）。會計實務工作作為一種社會性的技術活動，其正常的開展既涉及人的因素，也涉及會計技術的因素。會計職業判斷是由會計人員實施的，因而影響其有效實施的最重要的因素應當是人的因素。價值觀是支配人的行為的基礎，但價值觀會受到社會文化的影響。Perera（1989）指出，會計實務活動中這種人的因素會受到環境因素，尤其是「文化」因素的影響。Hofstede（2001）認為，一項活動越需要判斷、越受到價值觀的約束，則這項活動就越會受到文化差異的影響。

Doupnik 與 Salter（1995）認為，文化因素是通過會計人員自身的行為規

範和價值觀來對會計實務產生普遍的影響。Doupnik 和 Tsakumis（2004）認為，來自不同文化群體的會計人員解釋和運用會計準則的方式也不相同，即便這些不同的群體採用了相同的會計準則。國內外現有的研究表明，會計人員個人的文化價值觀會影響其職業判斷（Schultz, & Lopez, 2001；Doupnik & Richter, 2004；Chand, Cummings, & Patel, 2012；胡本源等，2012；等等）。但是，現有的實證研究普遍存在著「文化價值觀如何影響會計人員職業判斷行為的邏輯線路並不清楚」這一問題。因此，理解文化價值觀如何影響會計人員對會計準則的應用，揭示文化價值觀影響會計職業判斷行為的機理，將有助於減少會計準則在運用時與形式上的不一致，提高會計信息的可比性。

二、研究的問題和研究的意義

（一）研究的問題

從研究現狀來看，國外關於文化價值觀對會計的影響的研究主要集中在三個領域：①對財務報告的影響；②對審計師職業判斷和態度的影響；③對管理控制系統的影響。這些方面的研究發現：因民族（Tsui, 2001；Haniffa & Cooke, 2002）、宗教（Hamid 等，1993）、語言（Belkaoui, 1980；Doupnik & Richter, 2003）、性別（Hofstede, 2001）和年齡（Matsumoto & Juang, 2004）方面的差異而引起的會計文化價值觀的差別會導致會計行為的差異。

文化價值觀對財務報告的影響主要是從以國家作為分析單位和以個人作為分析單位兩個角度進行研究的。從趨勢上看，隨著越來越多的國家開始採用國際財務報告準則，以國家作為分析單位來研究文化價值觀對財務報告的影響已經變得不再重要。而以個人作為分析單位來研究文化價值觀對財務報告的影響逐漸成為研究的重點，這一領域主要研究「文化價值觀是否會對會計人員運用本國的會計準則產生影響」這一問題。這一領域研究的成果可以歸納為兩個方面：第一，基本上可以肯定文化價值觀對會計職業判斷有重要影響，並且得出了一些有關二者之關係的實證結論。但是這些研究中普遍存在著「文化價值觀如何影響會計職業判斷行為的邏輯線路並不清楚」這一問題。第二，提出了一些量度文化價值觀及會計職業判斷行為的方法，為進一步的研究提供了一個基礎和槓桿。必須指出的是，現有的關於文化因素對會計職業判斷行為影響的研究都是把文化的差別等同於國家的差別（MacArthur, 1996、1999；Roberts & Salter, 1999；Schultz & Lopez, 2001；Doupnik & Richter, 2004；Tsakumis, 2007）。Matsumoto 和 Juang（2004）認為將文化差別與國家差別等同起來存在問題，這種做法忽略了一個國家內部同時存在多種同等重要文化的可能

性。而且，一個國家的文化因素以及稅收和資本市場等制度因素都會對該國的財務報告系統產生影響（Meek & Saudagaran, 1990；Gray, 1988），因而從國家差別的角度研究文化因素對會計職業判斷行為的影響是無法完全控制稅收等制度因素對會計職業判斷行為的影響的，這影響了現有研究結論的可信性。

國內學者對會計職業判斷的研究多採用規範方法進行邏輯推理和歸納演繹，很少運用實證方法進行實證研究。只有部分學者針對準則的制定和執行進行了問卷調查，而直接針對會計職業判斷進行的實證研究幾乎還沒有。

綜上所述，研究文化價值觀對財務報告影響的視角已經完成了從國家視角向會計人員個人職業判斷視角的轉變，但是國外的實證研究普遍存在著「文化價值觀如何影響會計職業判斷行為的邏輯線路並不清楚」這一問題。在這一領域中，國內的實證研究非常缺乏。在中國這樣一個統一的多民族的國家，選擇一個多民族地區的不同民族作為研究對象，可以有效地控制其他制度因素對會計職業判斷行為的影響。

新疆維吾爾自治區是一個多民族的地區，新疆地區的絕大多數企業都是多民族企業，且現有的研究結果表明：新疆主要民族的文化價值觀之間存在著顯著的差異（鄭石橋等，2007；胡本源等，2012），這種多種文化並存的情況為本書的研究提供了一個理想的範本。在此環境下，本書對「文化價值觀是如何影響會計人員應用會計準則的行為」這一問題進行了系統研究，揭示了文化價值觀影響會計職業判斷行為的機理，即搞清了文化價值觀是否是通過「來自不同文化群體的會計人員對會計概念的不同解釋」這一仲介變量來影響會計職業判斷行為的。

會計人員應用會計準則對會計業務進行處理涉及對會計信息的確認、計量、記錄和報告。從會計信息的確認、計量、記錄和報告流程來看，從編製會計憑證，判斷其真實性、合法性、完整性，到判斷經濟業務的性質並做出正確的會計處理，再到合理地設置帳簿並登記，再到組織財產清查和帳簿的核對，最後編製財務報告，每個步驟都需要不同程度的職業判斷才能完成。會計記錄的過程有明確的規則可循，主要涉及一些簡單的、重複性的、日常性的判斷，如登記帳簿、核對帳簿等，會計人員在實務中隨著經驗的累積大都能純熟地運用這些判斷。因此，本書主要研究會計業務處理過程中確認、計量和報告這三個環節所涉及的會計職業判斷行為。

具體來說，本書主要研究以下問題：①文化價值觀與會計人員價值觀的關係；②文化價值觀如何影響會計人員對會計概念和原則的解釋；③文化價值觀是否通過影響會計人員對會計概念和原則的解釋來影響會計人員對會計信息的

確認、計量和報告的職業判斷行為。

Hofstede（1980）界定了四個文化價值觀維度，他認為這些文化價值觀維度與個人的偏好和行為之間存在著聯繫。這四個文化價值觀維度是：個人主義（individualism）、權力距離（power distance）、不確定迴避（uncertainty avoidance）和陽剛（masculinity）。Gray（1988）從 Hofstede 的文化價值觀出發，界定了四個會計價值觀維度：職業化、統一性、穩健主義和保密。在會計的跨文化研究中，Hofstede-Gray 框架被廣泛用來解釋不同國家之間會計職業判斷之間的差異（Salter 和 Niswander，1995；Zarzeski，1996；Schultz 和 Lopez 2001；Doupnik 和 Richter，2003；Doupnik 和 Riccio，2006；Tsakumis，2007）。

本書採用的是 Schwartz 的個人價值觀問卷 Portrait Values Questionnaire（PVQ）來度量文化價值觀。本書未採用 Hofstede 的文化價值觀量度方法，這是因為 Hofstede 的方法並不能從概念上充分解釋文化的深度、廣度和複雜性（Gernon 和 Wallace，1995；Chow 等，1999；Harrison 和 McKinnon，1999），而 Schwartz 的個人價值觀問卷則被認為更適宜推廣到會計領域（Doupnik 和 Tsakumis，2004）。

（二）研究的意義

從實際意義來說，本書具有兩個方面的意義。第一，理解會計活動中的不同文化群體在解釋會計概念並進行會計處理時，其不同的文化價值觀是如何對其會計職業判斷行為產生影響的。這有助於減少會計準則在實施中的差異，提高會計信息生產的質量，促進資本的流動和會計準則的國際趨同。第二，新疆維吾爾自治區是一個多民族聚居的地區，本研究可以使人們瞭解什麼是新疆維吾爾自治區各民族人民具有的普遍的價值觀，瞭解不同文化環境中價值行為的差異及其原因，這有利於促進不同文化群體的相互理解和交往。

從理論上來說，雖然現有研究大多都發現了文化價值觀確實對會計職業判斷行為會產生影響，但是在這些研究中關於文化價值觀如何影響會計職業判斷行為的邏輯線路卻並不清楚。所以，從理論上來說，搞清文化價值觀是通過何種仲介變量來影響會計職業判斷行為是具有重要意義的，可以豐富會計職業判斷的理論。此外，本書採用了問卷調查實證研究方法，這在國內會計職業判斷研究中具有方法創新的意義，通過這種方法的創新，可以得出一些具有科學性的結論。

三、研究方法

為了研究「具有不同文化價值觀的會計人員對會計原則和概念的解釋是

否存在差異，而這種差異最終影響了會計人員在應用會計準則時的職業判斷行為」這一問題，本書將採取實證研究方法，在理論分析的基礎上進行實證分析。實證研究的數據主要來自問卷調查數據。現有許多研究會計人員感知行為的文獻也使用的是問卷調查的研究方法（Ngaire，2006；Tsakumis，2007；胡本源等，2012）。

本書採用 Schwartz（2001）的個人價值觀問卷來度量了會計人員的文化價值觀，設計了資產屬性和謹慎性原則屬性兩個態度量表來度量來自不同文化群體的會計人員對會計概念的解釋，設計了兩個情景案例來觀察來自不同文化群體的會計人員在應用會計準則時，在會計信息決策有用性判斷、或有負債確認的判斷和或有負債計量的判斷這三個環節所涉及的會計職業判斷行為。

本書問卷調查的對象主要是新疆地區漢族、維吾爾族、哈薩克族和回族這四個民族的會計人員。在進行問卷調查時，需要將問卷和情景案例翻譯成多種語言，本書擬採用的方法是由本民族的會計學專業高校教師進行翻譯，並進行回譯。問卷發放前，由部分會計人員試填，以確保問卷的準確性和通俗性。問卷調查數據的分析將主要採用方差分析、卡方分析和相關分析等方法。

四、概念界定

「文化」和「價值觀」是本書的兩個核心概念，本書對這兩個概念的界定如下：

（一）文化

「文化」的拉丁文為 cultura，英文為 culture，其詞源有多重意思：耕種、居住、練習、注意或敬神等。雖然文化是個使用範圍很廣、使用頻率很高的詞，但是不同學科領域的學者由於研究視角和背景的不同，對文化的內涵並沒有達成共識。

本書從心理學的視角界定了文化的概念：文化是一個大群體中的所有人共享的行為、觀點、態度和傳統，它能一代又一代地傳遞下去（邁爾斯，2011）。

（二）價值觀

文化是影響某一群體總體行為的態度、類型、價值觀和準則，其基本要素是思想和價值觀。Smith 和 Schwartz（1997）認為：價值觀是文化的核心要素。Hofstede（1991）也認為文化的核心由價值觀構成並認為價值觀是「一種偏愛某種情形勝過其他情形的普遍傾向」。因此，價值觀是文化的內核，是文化中最深層的部分。

Schwartz 和 Bilsky（1987）認為價值觀具有五個普遍特徵，即價值觀是信仰的觀念、關於值得的終極狀態或行為、超越了具體情境、引導選擇或對行為及事物的評價和按照相對的重要性排列的。在此基礎上，Schwartz 和 Bilsky（1987）提出了一個被廣泛使用的概念：價值觀是令人向往的某些狀態、對象、目標或行為，而它們是超越具體情景而存在的，可以作為在一系列行為方式中進行判斷和選擇的標準。鑒於本研究的範疇不屬於文化人類學領域，因此，本文對文化、價值觀和文化價值觀不做嚴格區分。

五、價值觀分析水準的選擇

價值觀分析通常存在文化和個體兩種水準。文化水準的價值觀反應的是社會機構的動機目標。而個體水準的價值觀反應的是指導個體生活原則的動機目標。組成文化水準和個體水準的價值觀維度並不相同（Smith & Schwartz, 1997）。文化水準的價值觀維度應當將文化群體當做分析的基本單位，通過分析代表文化群體特徵的價值觀偏好之間的關係得到價值觀維度。為了讓文化水準的分析有意義，應當進行大樣本的文化抽樣（Leung, 1989）。而個體水準的價值觀維度應當從個體對價值觀評分的相關分析中得到。由於文化水準和個體水準的價值觀維度並不相同，在跨文化研究中選擇恰當的分析水準顯得尤為重要。

Smith 和 Schwartz（1997）指出，恰當分析層次的選擇依賴於將要研究的問題。如果要研究個體價值觀偏好差異與其他個體特徵變化的關係，那麼應當選擇個體取向的價值觀研究，即使以來自不同文化群體的個體作為研究對象；如果要研究普遍價值觀與其他跨文化變量的變異之間的關係，那麼應當選擇文化取向的價值觀研究，即使其他跨文化變量是一些個體行為的頻數。

本書擬研究會計人員的文化價值觀與該個體對會計現象的知覺和行為之間的關係，因此選取個體水準的價值觀研究是適當的。

六、本書的結構

本書其餘部分安排如下：

第二章，文獻綜述。基於本書的研究主題，本章首先綜述了國內外文化價值觀影響會計職業判斷行為這一問題的研究進展，並在文獻述評的基礎上對文化價值觀影響人類思維模式的相關文獻進行了綜述，作為本書理論分析和研究設計的基礎。

第三章，基於動機的人類基礎價值觀。本章首先論述了如何將 Schwartz 人

類基礎價值觀應用於會計領域，形成一套可用來解釋會計實務行為的會計動機價值觀；其次論述了 Schwartz 的人類基礎價值觀理論的測量工具及其可靠性和效度問題；最後簡要論述了文化水準 Schwartz 人類基礎價值觀。

　　第四章，理論分析與研究假說。本章首先對會計準則與職業判斷的關係進行了理論分析；其次從理論上分析了文化價值觀與會計人員對會計概念解釋之間的關係，並提出相應的研究假說；最後從理論上分析了文化價值觀與會計職業判斷之間的關係，並提出相應的研究假說。

　　第五章，研究方法。本章從設計和程序、研究變量、調查問卷設計以及問卷的預測試和發放四個方面闡述了本書的研究方法。

　　第六章，實證研究結果。本章介紹了本書的實證檢驗結果，並對其進行了分析和解釋。

　　第七章，總結。本章包括研究結論和啟示以及本書的研究貢獻、研究局限和未來的研究方向兩個部分。

第二章　文獻綜述

Nobes 和 Parker（2004）指出，各國會計實務之間的差別可以用環境因素進行解釋，這些環境因素包括各國的法律制度、外部融資渠道、稅收制度、職業會計團體的發展、通貨膨脹、政治和經濟事件。除了上述這些環境因素之外，另一個對各國會計實務和財務報告產生重大影響的環境因素是文化價值觀。

研究者通常利用 Hofstede（1980）關於各國文化價值觀差異的理論檢驗文化對會計實務的影響。Hofstede（1980）根據對 IBM 公司在 39 個國家中的 116,000 名員工問卷調查的結果，用統計分析方法找出了四個足以區分各民族文化特性的文化價值觀維度：個人主義與集體主義（Individualism vs. Collectivism）、權利距離大小（Great vs. Small Power Distance）、規避不確定性的意識（Strong vs. Weak Uncertainty Avoidance）和陽剛與陰柔（Masculinity vs. Feminism）。Hofstede 的框架為各國文化價值觀的度量提供了定量的衡量標準。Gray（1988）在 Hofstede 研究的基礎上，提出了四種會計價值觀。他認為文化價值觀會對會計文化或會計價值觀產生影響，而會計價值觀又會對一國的會計制度及實務產生影響。

文化價值觀對財務報告的影響主要是從以國家作為分析單位和以個人作為分析單位兩個角度進行研究的。本章首先綜述了國內外對這一問題的研究進展，並在文獻述評的基礎上，對文化如何影響人類思維模式的心理學文獻進行了綜述，從而為本書的理論分析部分奠定基礎。

第一節　文化價值觀對財務報告影響的相關文獻綜述

一、國外相關文獻綜述

（一）Hofstede 的文化框架

在研究文化與會計二者關係的實證研究中，文化是作為自變量的。「文

化」這一概念本身具有一定的模糊性，因此需要建立一個文化的框架，這個框架能夠識別出「文化」這一概念的組成部分，這樣才能方便地建立起特定文化特性與相關會計問題之間的聯繫。

在會計研究中最廣泛使用的文化框架是 Hofstede（1980）建立的文化框架。Hofstede 的框架將文化分解成若干維度，並對每個維度提供了定量的測量方法。這樣，這些定量化的測量結果本身在統計分析中就可作為自變量使用。

Hofstede 的關於社會文化模式的形成和穩定化的框架有四個組成部分：外部影響、生態因素、社會規範、制度後果。圖 2-1 概括了這個框架。在這個模型中，貿易和科學發現這樣的外部因素會影響諸如地理、人口、經濟和科技這樣的生態因素。這些生態因素影響著社會規範（或價值觀）的發展，不同的社會環境可形成不同的價值觀。社會價值觀影響諸如家庭形式、社會分層、教育這類社會制度的結構和功能。制度繼而又會強化外部的影響因素和社會規範。

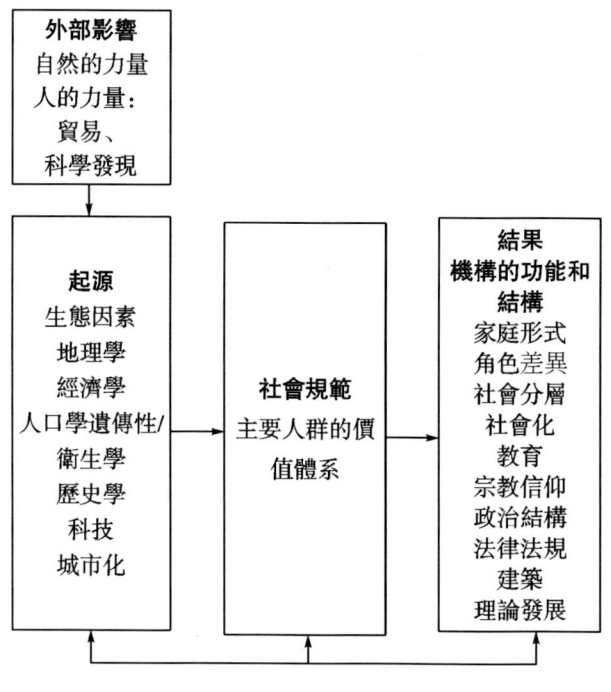

圖 2-1　Hofstede 的框架

Hofstede 在對大約 116,000 名 IBM 員工的態度調查中，發現了四種基本的社會價值維度。這些社會價值觀維度是：個人主義、權力距離、不確定性規避

和陽剛。Hofstede 認為在這些社會（或文化）價值觀維度與個人偏好和行為之間存在某種特定關係。就研究國家文化差異這方面來說，Hofstede 的研究是迄今為止最為廣泛的。

　　個人主義的文化維度涉及人們有關「我」或「本書」的自我概念。Hofstede 認為，與集體主義偏好相互影響的緊密的社會約束不同，個人主義是偏好一種寬鬆的社會約束。其根本問題是一個社會的個體之間存在的相互依賴程度。人們關注他們自己而不是關注他們可能隸屬的集體，這便是較高程度的個人主義的特徵。在這種觀點下，個人被看作特殊的和完整的，或是擁有與集體相分離或不依賴於集體的自我認證。相反地，在以較低程度的個人主義為特徵的社會裡，僅僅是在一個集體裡面，一個人才被認為是完整的個體。是集體而不是個人被看作社會的基本單元。

　　權力距離是指一個機構或組織所能接受的等級制度和不平等的權利分配的程度，主要涉及社會解決人與人不平等的方法。權力距離大的社會以接受不平等和將等級制度化為特徵。相反地，權力距離小的社會以一種人與人之間的不平等應該被減小到最小程度的規範價值為特徵，並且在一定程度上，等級制度僅僅是為了管理的便利才存在於社會和機構中。

　　不確定性規避是指個人對不確定性和模糊性感到不安的程度。Hofstede 認為一個不確定性規避程度高的社會偏好是通過書面或非書面規定的行為、組織結構正規化以及標準化程序來降低不確定性和模糊性。相反，一個不確定性規避程度低的社會對與他們自己不一致的觀點或行為更具靈活性和容忍性。

　　陽剛是指性別角色分化的程度以及傳統的男性價值觀在表現及現有成就方面與相對應的傳統女性價值觀在人際關係、關懷、養育方面被強調的程度。陽剛得分較高是以競爭和取得物質上的成功為特徵的。與陽剛相反的是「陰柔」，是以獲得更高質量的生活為特徵的。

　　這四個文化維度確定了試圖解釋世界文化大體上的相似性和差異性的核心價值觀。儘管這些維度的實證檢驗遠未結束，但當考慮到文化對會計實務的影響時，這些維度為會計人員提供了可以使用的精確的建構。

　　Hofstede（1980）為 40 國家提供了這四種維度量化結果。Hofstede（1983）又將這些文化維度的量化結果擴展到 50 個國家和 3 個地區。Hofstede（1991）指出，鑒於他們這四種維度量化計算的方式，這些指標僅表示相對的而非絕對的國家狀況（它們僅僅是對差異的度量）。

　　文化維度指標已經被用來量化文化的概念以探究其對企業的多方面影響，包括管理實務（Newman & Nollen，1996）、報酬計劃（Schuler & Rogovsky，

1998)、工作單元業績（Newman & Nollen，1996）、跨國收購（Morosini 等，1998）。在會計學領域，Hofstede 的文化維度已經被用來檢測文化對一些問題如審計人員對不確定性條件的態度（Gul & Tsui，1993）、經理人對管理控制的偏好（Chow 等，1994）、審計人員的道德觀念（Cohen 等，1995）以及國家財務報表體系的影響（Salter & Niswander，1995）。

Hofstede 和 Bond（1988）補充了第五個文化維度——儒家力本論（Confucian Dynamism），其後這一維度被更名為「長期取向」。Hofstede（2001）給這個維度提供了簡短的定義：長期取向培養的是一種傾向於未來報酬的品德，尤其是指堅持不懈和勤儉節約的優點。其對立觀點「短期取向」是指形成一種與過去和現在相關的品德，尤其指對傳統的尊重、保留「面子」以及完成社會義務。這個維度最初是通過運用中國人的價值觀調查發展起來的，並且可能體現了東西方文化的價值取向的差異。這一維度的概念剛開始在會計文獻中出現。

（二）Gray 的框架

基於對會計文獻及實務的回顧，Gray（1988）確定了四種被廣泛認可的、可用來定義一個國家會計學亞文化的會計學價值觀，即職業化、統一性、穩健性以及保密性，並以下列方式描述了這些會計學亞文化價值觀：

職業化與法律控制：偏愛行使個人專業判斷和維持職業自律，而不是偏愛遵守規範的法律規定和法定控制。

統一性及靈活性：不同企業必須採用相同的會計處理方法，同時要求同一企業在不同時期所採用的會計處理方法必須相同。而靈活性則允許企業具體情況具體分析，根據自身特點採用符合實際需要的會計實務。

穩健性和樂觀主義：偏好以一種謹慎的方法來衡量未來事件的不確定性並加以應對，而不是較樂觀、放任自流、敢承擔風險的方法。

保密性與透明度：偏好保密和限制商業信息的披露，僅對與公司管理和融資緊密相關的人披露信息；與之相對的是更加透明、開放和對公眾承擔責任的披露信息的方式。

Gray（1988）擴展了 Hofstede 的模型，他認為社會價值觀可通過其自身對會計文化或會計價值觀的影響而影響各國會計制度與實務。Gray 的框架如圖 2-2 所示。

根據 Hofstede 的觀點，社會價值觀是由一些外部影響因素決定的，這些因素包括自然的力量以及經濟、人口和科技等生態影響因素。社會價值觀具有制度後果，這些制度後果以法律體系、資本市場性質、公司所有權模式等形式表

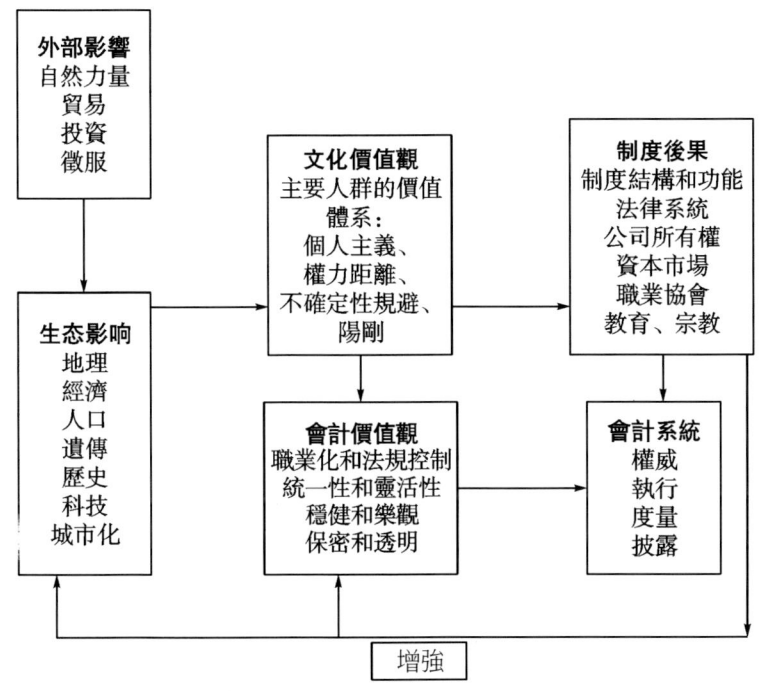

图 2-2 Gray 的框架

現出來。最後，制度結果鞏固了生態因素和社會價值觀。

Gray 通過增加會計價值觀、會計系統以及二者同社會價值觀和制度後果之間的關係等內容，擴展了 Hofstede 的模型。Gray 假設會計人員的態度和價值體系來源於社會價值觀並與其相關，而會計價值觀會影響會計系統，社會價值觀會影響法律體系、資本市場等社會制度，而這些社會制度又會影響會計系統。因此，在 Gray 的模型中，文化因素對會計系統的影響有兩種方式：文化因素影響會計價值觀以及社會制度影響會計系統。

Gray 就 Hofstede 的文化價值觀維度和會計價值觀維度之間的關係提出了以下四個假設：

假設 1：一個國家個人主義的程度越高、規避不確定性的程度越低且權力距離越小，則這個國家會計職業化的程度越高。

假設 2：一個國家規避不確定性的程度越高、權力距離越大且個人主義的程度越低，則這個國家推行統一的會計制度的程度越高。

假設 3：一個國家規避不確定性的程度越高、個人主義的程度越低且陽剛傾向程度越低，則這個國家在會計確認和計量中的穩健主義程度越高。

第二章　文獻綜述　13

假設4：一個國家規避不確定性的程度越高、權力距離越大、個人主義的程度越低且陽剛傾向程度越低，則這個國家在會計信息披露時的保密程度越高。

表2-1概括了Gray的會計價值觀與Hofstede的文化維度之間的假設關係。

表2-1　　　　　　　　　　Gray 的假說

文化價值觀 （Hofstede）	會計價值觀（Gray）			
	職業化	統一性	穩健性	保密
權力距離	弱負相關	弱正相關	不確定	強正相關
不確定迴避	強負相關	強正相關	強正相關	強正相關
個人主義	強正相關	強負相關	弱負相關	強負相關
陽剛	不確定	不確定	弱負相關	弱負相關

Gray通過描述會計亞文化價值觀在一個國家會計體系的四種屬性——權威、監管、計量和披露中是如何體現的來展開他的分析。Gray認為，與會計系統權威及其監管最相關的會計價值觀是職業化和統一性價值觀，與會計計量實務最相關的會計價值觀是穩健性價值觀，與信息披露最相關的會計價值觀是保密性價值觀。

Hofstede確定了九個相區別的文化區域，這些文化區域在文化價值觀的四個維度方面具有相似的得分。根據這些文化區域中文化價值觀維度的模式以及文化價值觀與會計價值觀之間的假設關係，Gray也假設將按文化進行分類的國家集群作為檢驗文化和會計系統關係的基礎。他認為，一方面檢驗可以在會計系統的權威和監管特性的背景下展開，另一方面檢驗可以在會計系統的計量和披露特性的背景下展開。例如，他假定在由英美文化構成的國家集群中，會計系統將表現出最低程度的穩健性和保密性。相反地，在欠發達的拉丁文化區域內，會計系統將表現出最高程度的穩健性和保密性。

Gray並沒有對他提出的假設進行任何實證檢驗。Gray（1988）指出，現在需要進行實證研究以評估以下兩者的匹配程度，一是社會價值觀與會計價值觀，二是根據文化影響進行的國家集群的分類以及根據與會計亞文化的價值維度相關的會計實務進行的國家集群的分類。

為了理解文化價值觀對會計實務的影響，大批學者對「文化價值觀與會計實務之間的關係」進行了實證檢驗。現有的文獻對這一問題的實證檢驗主要是從以國家作為分析單位和以個人作為分析單位兩個角度進行研究的。因此下面本章將分別綜述以國家作為分析單位和以個人作為分析單位的實證研究。

（三）文化價值觀與國家會計實務之間關係的實證檢驗

文化價值觀與國家會計實務之間關係的實證檢驗主要是以國家作為分析單位，圍繞 Hofstede-Gray 框架展開的。

Eddie（1990）是第一位對 Gray 的框架進行實證檢驗的學者，他對 Gray 的四個假設都進行了檢驗。Eddie（1990）的研究方法是先對十三個亞太國家的會計價值觀構建一個指數，然後檢驗這些指數與 Hofstede 的文化價值觀維度的相關性。研究結果表明，Gray 的四個假設所預期的符號都得到了證實。但是，這篇研究中存在一個重大的問題——會計價值觀的構成及它們的衡量方法不嚴謹，因此，這篇研究的結果很快被拋棄。

Salter 和 Niswander（1995）以 Hofstede 的文化價值觀維度作為自變量，用迴歸分析的方法檢驗了 Gray 的假設。他們將 Eddie（1990）的研究中使用的國家擴展到 29 個，研究結果發現，在 Gray 假設的文化價值觀維度和會計價值觀之間存在的 13 種關係中，只有 6 種存在顯著的相關性。他們的研究結果表明，Gray 的理論中只有一部分是有效的。

Sudarwan 和 Fogarty（1996）沒有使用 Hofstede（1980）構建的指數得分（index score），而是獨立形成了他們自己對文化價值觀的衡量方法。他們使用結構方程模型，用印度尼西亞這一個國家的縱向數據檢驗了 Gray 的假設。他們的研究結果僅僅支撐了 Gray 假設的 13 種關係中的 4 種，這表明 Gray 理論缺乏普遍的證據支撐。

Gray 和 Vint（1995）沒有對 Gray 的所有假設進行檢驗，他們僅僅檢驗了 Gray 四個假設中的一個——有關會計信息披露保密程度的假設。為了瞭解各國信息披露的保密程度，他們對一家國際會計公司在 27 個國家的合夥人進行了調查，他們的研究結果支持了 Gray（1988）有關會計信息披露保密程度的假設。

Wingate（1997）也沒有對 Gray 的所有假設進行檢驗，而是僅僅檢驗了文化價值觀對信息披露數量的影響。她使用 39 個國家的財務信息披露數據作為應變量，用 Hofstede（1980）構建的指數得分作為自變量，研究結果表明，權力距離與信息披露並沒有顯著的相關關係，這與 Gray 建立的假設相反。

Jaggi 和 Low（2000）使用與 Wingate（1997）相同的財務信息披露數據，研究了文化價值觀、會計信息披露和另一個環境因素——法律制度的關係。他們的研究發現，對於習慣法的國家，文化價值觀變量均不顯著；對於成文法的國家，所有的文化價值觀變量都顯著，但是僅有一個維度的價值觀變量作用的方向與 Gray 假設預測的方向相同。Jaggi 和 Low（2000）認為，不僅 Gray

（1988）所建立的有關保密與透明的假設是無效的，而且 Hofstede 在 20 世紀 70 年代所建立的有關文化價值觀的指數也過時了。他們認為，由於 Hofstede 的文化價值觀指數僅僅是從 IBM 這一家公司調查中獲取的，這些文化價值觀指數可能並沒有反應出這 39 個國家中每一個國家文化價值觀態度的差異性。Jaggi 和 Low（2000）的研究結果表明：在考慮了法律制度這個因素後，文化價值觀對會計信息的披露水準幾乎是沒有影響的（Doupnik & Tsakumis，2004）。

Hope（2003）依然以 Jaggi 和 Low（2000）中的 39 個國家為研究對象，對這些國家進行了 3 年期（1993—1995 年）的研究。在運用更大樣本的基礎上，他得出的結論與 Jaggi 和 Low（2000）並不相同。Hope（2003）認為，現在就斷言文化價值觀不是年度報告披露水準的解釋變量可能為時過早。

Saltert 和 Lewis（2010）使用 SEC 的 20-F 表格的數據檢驗了 Gray（1988）提出的穩健性會計價值觀與 Hofstede（1980）文化價值觀之間的關係。他們的研究發現，個人主義價值觀與國家之間收益計量的差異存在著顯著的正向關係，同時，歐盟的成員國以及公司稅率也與國家之間收益計量的差異存在著顯著的關係。

（四）文化價值觀與會計職業判斷之間關係的實證檢驗

文化價值觀與會計職業判斷之間關係的實證檢驗主要是以會計人員個體作為分析單位展開的。

Hofstede 認為，由於文化維度表現了國家在文化和價值體系方面的基本差異，他們影響著個體以系統的和可預見的方式進行的思考和表現。Gray（1988）闡述了「價值體系或會計人員的態度可能與社會價值觀相關並源於社會價值觀……反過來，會計價值觀將影響會計系統」。Perera（1989）更為明確地將會計價值觀和會計實務的關係歸因於會計人員的價值取向，並推斷不同國家的財務報告披露程度的差異與編製這些報告的人員的價值取向的差異是一致的。

Schultz 和 Lopez（2001）利用實驗方法研究了法國、德國和美國這三個國家會計人員在面臨相同的經濟因素和相似的財務報告準則時，其財務報告職業判斷的一致性。Schultz 和 Lopez（2001）提出的假設是：法國和德國的會計人員（來自大陸法系、不依賴股權融資、具有較高不確定性規避的國家）估計的保修費用金額要比美國的會計人員（來自英美法系、股權融資為基礎的、較低不確定性規避的國家）的估計金額更為穩健。他們的研究結果支持了其假設以及 Gray（1988）的穩健性假說。

Schultz 和 Lopez（2001）一個重要貢獻是將實驗方法引入了檢驗文化和會

計人員個人的職業判斷之間關係的研究中。但是，他們的研究結論存在著一個重要缺限——沒有控制各個國家當前的會計實務對研究對象的職業判斷的影響。

　　Doupnik 和 Richter（2004）檢驗了文化對國際財務報告準則中使用的作為確認會計要素界限（資產、負債和收入的增加及減少）的概率表達式解釋的影響。根據 Gray 的穩健性假說，Doupnik 和 Richter（2004）推斷，在不確定性規避程度較高和長期取向以及個人主義程度和陽剛傾向較低國家中的會計人員在解釋諸如「可能的」這種與口頭概率相聯繫的數值概率時將會表現出較高程度的穩健性。根據 Hofstede 的研究，他們選擇了德國和美國來代表穩健性水準相對較高和較低的國家。他們假設德國的會計人員在決定資產和收入的增加（負債和收入的減少）的口頭概率表述時會確定一個比美國的會計人員更高（或更低）的數值概率。他們的研究發現：與來自低不確定性迴避國家的會計人員相比，來自高不確定性迴避國家的會計人員在解釋概率表述（probability expressions）時會更加穩健，這為 Gray 的穩健性假說提供了一定支持。與 Schultz 和 Lopez（2001）相似的是，Doupnik 和 Richter（2004）沒有控制制度因素對會計人員的反應可能產生的影響。

　　Tsakumis（2007）以希臘和美國的 101 名會計人員為研究對象，研究了國家文化差異對會計人員運用會計準則時的影響。Tsakumis（2007）的研究結果沒有發現不確定迴避影響會計計量穩健性的證據，而保密性傾向較高國家的會計人員披露會計信息的可能性更低。

　　Chand（2012）研究了民族文化和組織文化是否會影響斐濟會計人員的職業判斷。研究發現，在解釋和運用國際財務報告準則時，印度裔斐濟會計人員比斐濟本地會計人員更為穩健。研究還發現，除了民族文化之外，組織文化也會對一個國家會計人員的職業判斷產生影響。

　　Chand、Cummings 和 Patel（2012）研究了國家文化和教育對在澳大利亞讀書的澳大利亞和中國籍會計專業學生的職業判斷是否會產生影響。他們的研究發現：中國學生的職業判斷相對於澳大利亞學生來說更加穩健且保密性更強，即國家文化對會計人員的職業判斷行為有顯著的影響。此外，他們的研究還表明：教育的相似性並不能緩解文化對會計專業學生職業判斷的影響。

　　Hu、Chand 和 Evans（2013）的研究也發現：在評估概率時，中國籍會計專業的學生比澳大利亞會計專業學生更為穩健。與 Chand、Cummings 和 Patel（2012）的結果不同的是，他們發現文化適應與教育能夠改變個體的價值觀，而這有利於提高財務報告的可比性。

二、國內相關文獻綜述

國內學者關於會計職業判斷的研究主要採用的是規範研究方法，研究的內容主要集中在：①會計職業判斷影響因素的研究，如楊親家和許燕（2003）把會計職業判斷的影響因素分為主體因素、客體因素和環境因素。主體因素包括知識和經驗、需要和動機；客體因素包括問題的複雜性、重複性，規範程度、類型和要求的判斷質量；環境因素包括法律法規、職業道德、公司治理、生產經營特點等。②會計職業判斷過程的研究，如劉昱杉（2007）將會計職業判斷分為語義判斷、判斷依據找尋、目標確定、實質性判斷、重要事項的判斷過程和步驟的復核、會計處理和披露6個階段。

國內學者關於會計職業判斷的實證研究較少，主要有本書作者以新疆維吾爾自治區特殊的多民族環境為研究背景，就不同民族的文化價值觀與會計人員職業判斷和會計概念解釋之間關係的3篇實證研究。

胡本源等（2012）以新疆地區維吾爾族、漢族和回族會計人員為研究對象，研究了這三個民族文化價值觀的差異對會計人員會計估計計量的影響。研究結果發現：面對相同的經濟事項，這三個民族會計人員的會計估計計量結果存在顯著的差異，且會計估計計量結果的差異還受到不確定環境呈現方式的影響。這表明，會計人員解釋和運用會計準則的方式受其文化價值觀的支配和影響。

胡本源（2013）研究了新疆地區維吾爾族、漢族和回族會計人員文化價值觀的差異與會計確認和披露決策之間的關係。研究結果發現：會計人員在編製財務報告時，其確認和披露決策均會受到其文化價值觀的影響。這表明，會計人員對會計準則進行一致地解釋和運用，是編製高質量財務報告的關鍵。

胡本源（2015）研究了會計人員的文化價值觀對於會計概念解釋的影響。研究發現，具有不同文化價值觀的會計人員對於會計概念的解釋是不相同的。這表明，會計準則制定機構應當注意文化差異會導致會計人員對概念解釋和會計準則運用的差異。

三、文獻述評

國際財務報告準則趨同的目標是提高國家之間會計信息的可比性。目前，國際財務報告準則在全世界範圍內已得到普遍的認可。在運用以原則為導向的國際財務報告準則時，提高會計信息可比性的最大挑戰來自會計人員能否有效、一致地運用會計職業判斷問題。因此，研究「文化價值觀對會計人員應

用會計準則的影響」這一問題，可歸結為研究「文化價值觀對會計人員應用會計職業判斷的影響」的問題。對這一問題的研究主要從以國家作為分析單位和以個人作為分析單位兩個視角展開，且後一視角隨著國際財務報告準則的廣泛使用變得更為重要。

　　從現有的研究「文化價值觀與會計職業判斷關係」的研究結果來看，這一領域研究的成果基本上可以肯定文化價值觀對會計人員解釋和應用本國會計準則的職業判斷行為會產生影響。但是這些研究中普遍存在的問題是：①現有文獻很少涉及「文化價值觀是通過何種仲介變量來影響會計人員應用會計準則行為的」這一問題；②現有的關於文化因素對會計人員應用會計準則行為影響的研究都是把文化的差別等同於國家的差別（Schultz & Lopez, 2001; Doupnik & Richter, 2004; Tsakumis, 2007）。這種做法忽略了在一個國家內部同時並存多種同等重要文化的可能性（Matsumoto & Juang, 2004; Baskerville, 2003）。例如：研究發現，在非洲的 48 個國家中存在著 98 種不同的文化，在西歐的 32 個國家中存在著 81 種不同的文化，在北美有 147 種美洲本土文化和 9 種北美民俗文化（Baskerville, 2003）。而且，一個國家的財務報告系統會受到該國的稅收和資本市場等制度因素的影響，因而從國家差別的角度研究文化價值觀對會計人員應用會計準則行為的影響無法完全分離出稅收等制度因素對研究結果的影響，這損害了現有研究結論的可信性。此外，從目前的趨勢來看，跨文化心理學的研究逐步從國家之間延伸到了國家內部的區域文化差異。例如，Hofstede 在巴西進行的三次不同規模的文化價值觀調查研究，其結果都發現巴西境內不同區域之間的價值觀並不一致（Hofstede, 2010）。

　　新疆維吾爾自治區自古以來就是多民族、多文化的匯聚地，各民族文化在互相影響、互相滲透、互相交融中發展與變遷，形成了新疆維吾爾自治區民族文化的鮮明特色。新疆維吾爾自治區的主要少數民族包括維吾爾族、哈薩克族、回族、柯爾克孜族、塔吉克族、塔塔爾族、烏孜別克族等。鄭石橋等（2007）和胡本源等（2012）的研究表明，新疆維吾爾自治區境內主要民族的文化價值觀之間存在著顯著的差異。因此，為了避免把文化的差別等同於國家的差別這一問題，並能有效地控制稅收等制度因素對研究結果可能產生的影響，本書選擇新疆維吾爾自治區的漢族、維吾爾族、哈薩克族和回族的會計人員為研究對象，對「文化價值觀是通過何種仲介變量來影響會計人員應用會計準則行為的」這一問題進行研究。

　　人們每天都要完成求解問題、做出決定、獲取概念等各種各樣的心理任務。文化的差異不僅僅反應在人們生活方式的不同上，而且對人的思維方式、

人格特徵等方面都會產生不同的影響。近年來，已有眾多研究表明，無論是低級的知覺與注意，還是在認知控制等高級心理功能上，文化的差異均顯著影響著人們的腦認知功能（Han & Northoff, 2008）。文化認知觀認為，人類認知是在社會和文化環境中發生的，文化為認知提供工具，而大量的認知又是關於或涉及社會和文化現象的。也就是說，人的認知過程不是先天的，而是在後天的生活中通過種種學習而形成的，所以，不同文化對人的認知過程包括人的知覺、自我觀念、價值觀等都會產生影響。

文化不僅深刻影響著人類認知過程的背景和環境，也賦予了認知過程意義和解釋。第一，文化背景影響著人類的認知風格和認知特點的形成。人們後天習得的道德、價值體系和觀念等均會影響其認知風格的形成。第二，文化環境因素影響著人們對客體的認知理解。第三，人類接收和加工信息時，並不是條件反射式的被動應答，而是一個意義化的過程。在這個主動性的意義化過程中，個體的經驗和主動性就會深刻影響著認知的成果和反應。

文化影響認知的具體過程可以從認知的選擇、組織和闡釋三個階段去理解。第一，文化影響認知選擇，影響的因素包括區別性強度及特徵、以往的經歷和期待、需要和動機等。第二，文化影響認知的組織，包括刺激分類與整合、語言的作用等。第三，文化影響認知的闡釋，包括作為認知的參照框架、價值判斷等過程（何華，2009）。

會計是一種社會性的技術活動。會計活動的開展涉及人的要素與技術性要素的共同參與和互動。會計活動中的技術性要素不受文化的影響，而人的要素必然會受到文化的影響。因此，會計活動是不可能獨立於文化的。本書認為，文化的差異會影響到人的認知活動，使處於不同文化群體的會計人員對會計概念和會計原則做出不同的解釋，其結果是會計人員依賴這些不同的解釋做出的職業判斷行為會產生差異。

第二節　文化對人類思維模式的影響的相關文獻綜述

近年來，許多文化導向的心理學家研究了文化和心理的關係。這些研究關注的是文化理論和實踐如何影響人們的感覺、思考和行為，以及受文化影響的人的心理過程如何塑造社會和文化環境（Bruner, 1990; Cole, 1996; Markus & Kitayama, 1991; Shweder, 1990）。心理學家研究發現：心理過程在不同文化之間並不相同，如知覺和注意（Nisbett, Peng, Choi, & Norenzayan, 2001）、情

感（Mesquita & Frijda, 1992；Suh, Diener, Oishi, & Triandis, 1998）和動機（Heine, Lehman, Markus, & kitayama, 1999；Iyenger & Lepper, 1999）在不同文化之間均存在差異。

除了將心理過程在東西方文化之間作系統比較的經驗證據之外，研究者不僅研究了文化與心理交互作用的機理（Hong, Morris, Chiu, & Benet-Martinez, 2000；Zouet 等，2009），還進行了關於文化是否會影響以及在多大程度上影響人的大腦的文化神經系統科學研究（Chiao & Ambady, 2007；Han & Northoff, 2008；Kitayama & Uskul, 2011）。

本部分首先對東西方文化的比較研究進行了綜述，其次綜述了探索文化差異機理的相關文獻，最後對文化神經系統科學的相關研究進行了綜述。

一、東西方文化的比較研究：理論基礎與經驗證據

（一）理論基礎

由於「自我」的概念是社會化的產物（Mead, 1934），並且是一種根據周圍文化環境來控制個體的思維和行為的系統（Kitayama, Duffy, & Uchida, 2007），因此，如何看待「自我」的觀念代表了在特定文化環境中一種行為的傾向。

西方文化認為個體之間是相互獨立的，而東方文化則認為個體之間是相互依賴和相互聯繫的（Markus & Kitayama, 1991）。西方文化鼓勵人們追求自己理想的內在特質和特徵並將之表達出來；東方文化則鼓勵人們在社會網絡中發現屬於自己的位置，並根據他人的期望來調整自己。這種「自我」觀念在文化上的差異是與個人主義–集體主義社會價值觀維度緊密相關的（Hofstede, 1980；Triandis, 1989）。西方文化具有較強的個人主義傾向，而東方文化則具有較強的集體主義傾向。個人主義文化重視個體的命運和成就，強調個體與組織的獨立；集體主義文化重視個體在組織中的命運和成就，強調個體在組織中的相互依賴（Triandis, McCusker, & Hui, 1990）。

文化的差異也反應在溝通的實踐和慣例中（Kashima & Kashima, 1998）。Hall（1976）指出：在某些西方文化和語言中，很大一部分信息的傳遞是通過語言表達的方式進行的；但在東方文化和語言中，語境和非語言線索在信息傳遞中起到了相當重要的作用。Hall（1976）將前者稱為「低語境」文化，將後者稱為「高語境」文化。例如，英語中的「好」（good）通常表示說話者「贊美」的意圖；而日語中的「好」（ii）則可以解釋為「贊成」「反對」或「不需要」，具體解釋為何種意義則取決於當時的語境。

Hall（1976）的研究結論與 Scollon（1995）的研究結論是一致的，後者認為溝通具有兩種功能，即傳遞信息和維護參與溝通的人之間的關係。Scollon 和 Scollon（1995）認為，西方文化強調溝通的信息功能，而東方文化強調溝通的關係功能。

信息傳遞和處理的文化差異可能導致個體理解信息和思考外部世界的方式出現文化差異。Nisbett 等（2001）認為，分析性的思維模式在西方文化中占主導地位，而全面的思維模式在東方文化中占主導地位。分析性思維模式是指關注場中的焦點對象和中心元素，並以線性和符合邏輯的方式闡述他們之間關係的傾向；而全面的思維模式是指關注包含焦點對象和中心元素的整個場，並以非線性和辯證的方式闡述他們之間關係的傾向。

總體來看，自我的觀念、溝通的實踐和思維的模式是相互聯繫的。獨立的自我觀念促進了強調信息功能的低語境溝通實踐，也對應著分析性的思維模式；而相互依賴的自我觀念促進了強調關係功能的高語境溝通實踐，對應著全面的思維模式。

（二）東西方文化比較的經驗證據

在自我的觀念、社會價值觀和思維的模式存在文化差異的理論支持下，許多跨文化心理研究都支持如下假說：北美人傾向於更加關注於焦點對象，而忽視其所處的環境；東亞人則傾向於全面關注焦點對象及其所處的環境。本部分從因果性歸因（causal attribution）、注意（attention）、推理（reasoning）、分類（categorization）和表達的理解（comprehension of utterances）方面對相關文獻進行綜述。

1. 因果性歸因

現有研究發現，西方人會用人的內在特質和特徵來解釋人的行為，而東亞人則會參照周圍的環境特徵來解釋人的行為（Miller, 1984；Morris & Peng, 1994）。比如，Morris 和 Peng（1994）研究了北美人和中國人為一群金魚中正在遊動的一條金魚畫漫畫時的行為差異。為了描繪出這條金魚的活動，北美人傾向於參照這條金魚自身的因素，而不是參照這一群金魚的活動。與之不同的是，中國人更傾向於參照這一群金魚而不是這條金魚自身的內在因素來進行繪畫。

Morris 和 Peng（1994）中的北美人和中國人的行為差異，是一種被稱為「基本歸因錯誤」（Ross, 1977）的認知偏差，即人們很可能主要參照人的內部特質來解釋人的行為，而忽略掉情境因素對人們行為的約束。如果文化差異能夠解釋人的行為，則東亞人的基本歸因錯誤較弱。研究表明，當環境約束較

為突出或目標個體的行為不可信時，東亞人的基本歸因錯誤會減弱（Choi & Nisbett, 1988; Masuda & Kitayama, 2004; Miyamoto & Kitayama, 2002）。

2. 注意

Abel 和 Hsu（1949）利用羅夏測驗的數據進行了一項探索性研究。在這項研究中，華裔美國人傾向於參照羅夏墨跡測驗的整體模式做出回應，而歐洲裔美國人則傾向於參照羅夏墨跡測驗的一部分做出回應。

Abel 和 Hsu（1949）的研究發現與 Nisbett 和其同事提供的經驗證據是一致的。Masuda 和 Nisbett（2001）給日本和北美的參與人提供了水下場景的動畫圖案，要求參與人報告圖案的內容。與北美的參與人相比，日本的參與人更傾向於提及背景的信息（如水的顏色是綠的）以及焦點對象和背景信息的關係（如一條大魚在海草之上游動）。這表明日本人比北美人更關注包括背景的整個域。此外，Masuda 和 Nisbett 還通過檢查再認表現，獲得了日本人比北美人更傾向於將焦點對象與其背景緊緊相連的證據。

Chua、Boland 和 Nisbett（2005）通過測量眼睛移動的方式，研究了北美和中國參與人如何查看包含對象及其真實背景的場景。與中國參與人相比，北美參與人查看對象更快、時間更長；與之相反的是，中國參與人比美國參與人註視背景的時間更長。這意味著眼睛移動中的文化差異可能是 Masuda 和 Nisbett（2001）發現的記憶文化差異的起因。

研究者在更簡單的任務中發現了東亞人對場的關注。Kitayama、Duffy、Kawamura 和 Larsen（2003）先為參與人提供了一個印有一條垂線的方框，然後又為他們提供了一個不同大小的方框。在絕對長度判斷任務中，研究者要求參與人在忽略方框大小的情況下，畫一條與第一個方框中垂線絕對長度一樣的直線。而在相對長度判斷任務中，研究者要求參與人在考慮方框大小的情況下，根據第二個方框的大小畫一條與第一個方框中垂線長度成比例的直線。研究結果與研究者的預期一致：北美參與人由於更關注整個域中的中心對象或整個域中最突出的特徵，因此他們完成絕對長度判斷任務比完成相對長度判斷任務更準確；相比之下，日本參與人由於更關注整個域，因此他們完成相對長度判斷任務比完成絕對長度判斷任務更準確。Kitayama、Duffy、Kawamura 和 Larsen（2003）的研究結果與 Ji、Peng 和 Nisbett（2000）的研究發現是一致的。Ji、Peng 和 Nisbett（2000）利用棒框測驗檢驗了參與人對棒的垂直度的判斷任務。研究發現：與北美參與人相比，中國參與人在判斷棒的垂直度時，更容易受到周圍框的位置的影響。

Masuda 和 Nisbett（2006）利用變化盲視（change blindness）範式提供了

注意存在的文化差異的額外證據。他們給北美和日本參與人提供了一對照片，並要求參與人尋找這對照片的差異。這二張照片交替出現，直到參與人發現了變化。北美參與人發現對象的變化要快於發現背景的變化，這一現象在日本參與人中並不存在。與北美參與人相比，日本參與人能夠更快地發現背景的變化。

3. 推理

Abel 和 Hsu（1949）的研究發現，西方人更可能關注到刺激的一部分，而東方人更可能關注到刺激的整個模式，人們在利用線索對對象進行推斷時也可能存在文化差異。Ishii、Tsukasaki 和 Kitayama（2009）檢驗了知覺推斷的準確性是否依賴於提供的知覺線索這一問題。他們為日本人、亞裔美國人和歐洲裔美國人提供了一個身邊對象的總體形狀或模式（格式塔線索）或這一對象的引人注目的部件（部分線索），並要求他們去推斷這一對象的身分。研究結果表明，與日本人和亞裔美國人相比，歐洲裔美國人能夠更可靠地根據部件線索進行準確地推斷；然而，在利用格式塔線索進行推斷時，日本人和亞裔美國人沒有比歐洲裔美國人表現得更好。

思維模式的文化差異也會影響關於未來事件將如何進行的認知。Ji、Nisbett 和 Su（2001）的研究結果表明，與歐洲裔美國人比，中國人更可能認為事件會持續發生變化。他們為參與人提供了表示一些事件趨勢（如全球經濟增長）的圖表，並要求參與人預測這一趨勢上升、下降或保持不變的概率。歐洲裔美國人比中國人更可能認為當前趨勢會持續，而中國人比歐洲裔美國人更可能認為當前趨勢會反轉。

4. 分類

研究證據顯示，西方人在進行分類時，更加強調對象共有的屬性；而東亞人在進行分類時，更加強調對象之間的關係和相似性。例如，Norenzayan、Smith、Kim 和 Nisbett（2002）研究了人們對以規則為基礎或以樣例為基礎（exemplar-based）的分類偏好的文化差異。他們為參與人提供了一個目標對象和兩組（每組四個）相似的對象，並要求參與人選擇與目標對象最為相似的一組。每組的四個對象是按照以規則為基礎或以樣例為基礎標準選擇的。在以規則為基礎的那一組，目標對象與組內的四個對象擁有一個共同的屬性；在以樣例為基礎的那一組，目標對象與組內的四個對象擁有許多共同的特徵，但這些對象之間沒有所有對象共有的特徵。歐洲裔美國人更多地選擇了以規則為基礎的那一組，而東亞人更多地選擇了以樣例為基礎的那一組，亞裔美國人的選擇處於歐洲裔美國人和東亞人的選擇之間。

Chiu（1972）為北美和中國的兒童提供了一組包含三個對象的照片（如一頭牛、一只小雞和草地），並要求他們從中指出相似的兩個對象。北美的兒童更可能根據共同的特徵和分類形成判斷（例如「因為牛和雞都是動物」），而中國的兒童更可能根據與周圍環境的關係形成判斷（例如「牛在草地上吃草」）。

5. 表達的理解

現有的研究表明，音調能夠顯示講話者相關的態度（Ambady 等，1996）。當個人的社會導向性增加時，他們會傾向於同時更加關注音調。由於東亞人比北美人更加注重人際間的相互依賴（Markus, & Kitayama, 1991）。Ishii、Kitayama 及其同事（Ishii, Reyes, & Kitayama, 2003; Kitayama & Ishii, 2002）採用 Stroop 干涉範式（Stroop, 1935）進行了一系列的實驗，檢驗了東亞人是否比北美人具有更強的社會導向性，從而更可能同時關注音調。他們為參與人提供了一些表達情感意義的口語單詞刺激，這些單詞以肯定或否定的音調讀出，並要求參與人在忽略單詞音調的情況下對單詞表達的意義快樂與否進行判斷，或者要求參與人在忽略單詞意義的情況下對單詞音調快樂與否進行判斷。北美參與人在判斷單詞意義時比在判斷單詞的音調時受到的干擾更少，這表明，與忽略單詞的意義相比，北美人忽略單詞的音調更為容易。但是，日本和菲律賓參與人在判斷單詞意義時比在判斷單詞的音調時受到的干擾更多。此外，菲律賓參與人在對表達進行判斷的這種傾向不僅在其使用當地語言時存在，而且在其使用英語時也存在。這表明，注意的偏差可能產生於溝通時高度依賴環境的文化習慣，而不是產生於使用的語言。

二、文化差異的機制：啟動研究

在發現了文化與思維模式之間存在對應關係的基礎上，研究者關注的另一個重要的問題是：文化與心理是如何相互作用的。他們試圖尋找出哪些因素支配著思維模式的文化差異。如果文化是一種包含觀念、信念和行為模式的集體現象（kitayama & Uskul, 2011），那麼西方人的分析性思維模式和東方人的全面思維模式可能不僅僅是其長期暴露在不同文化環境下的結果，因為短期暴露在代表特定文化觀念和信念的符號中也可能會產生思維模式的文化差異。

Hong、Morris 和 Chiu（2000）在研究中使用了文化符號，這是為了激活參與人的文化觀念和信念。其研究結果表明，與由北美文化符號啟動（priming）文化觀念的參與人相比，由中國文化符號啟動文化觀念的參與人更可能在進行解釋時參照外部因素（例如，魚群的活動）。

有趣的是，中國文化符號的影響在只使用一種語言的歐洲裔美國人中也可以觀察到。Alter 和 kwan（2009）為參與人提供了與 Ji 等（2001）類似的研究任務，並使用中國文化符號中的陰陽符號來啓動參與人的文化觀念和信念。研究結果發現，與沒有文化符號啓動的歐洲裔美國參與人相比，那些由陰陽符號來啓動文化觀念和信念的參與人更可能預測事件的趨勢。

上述研究表明，由文化符號啓動的特定文化觀念和信念影響著對應的心理傾向，如分析性和全面的思維模式。

三、文化神經系統科學的相關研究

由於對有機體產生影響的環境因素會持續地塑造大腦（Davidson & McEwen, 2012），因此，文化也會引起大腦功能和結構的變化。研究者在文化神經系統科學領域進行了大量的研究，探討文化是否以及在何種程度上對大腦產生影響（Chiao & Ambady, 2007；Han & Northoff, 2008；Kitayama & Uskul, 2011）。

（一）對環境的注意

Gutchess、Welsh、Boduroglu 和 Park（2006）設計將一個對象放在與現實背景類似的一些場景，要求美國和中國參與人觀看這些場景，並測量他們的腦部活動。結果發現，美國參與人處理焦點對象的語義和空間信息相關的腦部區域產生了更多的活動。這一研究結果與美國人眼睛移動（Chua 等，2005）和行為反應（Masuda & Nisbett, 2001）具有分析性傾向的研究結論是一致的。

Hedden、Ketay、Aron、Markus 和 Gabrieli（2008）比較了在美國居住的東亞人和美國人的神經活動。研究發現，與參與人面對文化偏好任務（即美國參與人面對絕對任務，而東亞人面對相對任務）時相比，參與人面對非文化偏好任務（即美國參與人面對相對任務，而東亞人面對絕對任務）時，其腦部中與注意控制相關的額葉和頂葉區（frontal and parietal areas）會產生更多的活動。此外，美國人在面對絕對任務時，其腦部上述區域的活動是個體獨立性導向的遞減函數，而東亞人腦部上述區域的活動則是個體對美國文化適應程度的遞減函數。上述研究結果表明：一項任務中注意控制的程度取決於這項任務是否是文化偏好任務，以及這項任務與特定文化中個體主導性自我觀念之間的相互作用。

Lewis、Goto 和 Kong（2008）研究了偏離環境敏感性的文化差異，並用與事件相關電位（event-related potential）來測量這種差異。他們要求歐洲裔美國參與人和亞裔美國參與人在忽略環境中頻繁出現和不頻繁出現刺激的情況下，

對不頻繁出現的目標刺激做出反應。研究假設亞裔美國參與人比歐洲裔美國參與人對偏離環境更加敏感，從而應當測量出更大的事件相關電位。研究結論與假設是一致的。此外，研究還發現：相互依賴較強的個體會比相互依賴較弱的個體產生更大的事件相關電位，因此，個體相互依賴性導向是文化差異影響的仲介變量。

（二）自發特質推理

由於美國人比東亞人更可能忽略環境對行為的約束作用，而主要從個體的內在特徵和屬性角度來解釋個體的行為，因此，當面對個體的行為時，美國人比東亞人更可能將其歸因為個體的內在特質。這種認知偏差稱為「自發特質推理」。

Na 和 Kitayama（2011）在測量行為和神經反應的基礎上，研究了自發特質推理的文化差異。他們要求歐洲裔美國參與人和亞裔美國參與人記憶成對的目標臉孔和隱含了目標特質的行為描述。記憶任務結束後，他們向參與人提供了之前出現的目標臉孔和一個單詞，要求參與人判斷這個詞彙是否描述了「隱含特質」「不相關特質」或為「無意義單詞」。自發特質推理會強化目標臉孔和隱含特質的關係。因此，與詞彙判斷任務中隱含特質出現在目標臉孔呈現之後所做出反應的時間相比，當不相關特質出現在目標臉孔呈現之後時，參與人做出反應的時間要更長。行為反應的結果表明：對不相關特質反應較慢的傾向僅在歐洲裔美國參與人中存在。這意味著歐洲裔美國人比亞裔美國人具有更強的自發特質推理傾向。此外，研究結果還發現：在處理語義不相符信息時，歐洲裔美國人會比亞裔美國人產生更大的事件相關電位。

四、小結

主導西方文化的獨立的自我概念，促進了低情境溝通，並對應著分析性和邏輯思維模式；而主導東方文化的相互依賴的自我概念，則會促進高情境溝通，並對應著全面和辯證的思維模式。因果性歸因、注意、推理、分類和表達的理解的相關研究都為思維模式存在文化差異提供了經驗證據。由語言和文化符號激發的文化觀念和信念，則引導著人們產生諸如分析性或全面思維模式的心理過程。文化神經系統科學的相關研究則表明文化差異不僅存在於行為之中，而且也存在於神經反應之中。上述研究結果表明，身處不同文化環境的個體，其認知過程存在系統性差異，這為本書第四章的理論分析奠定了基礎。

第三章　基於動機的人類基礎價值觀

　　會計是一種既涉及人也涉及技術性要素的社會性的技術活動。Hofstede（2001）指出：「技術對一項活動的決定程度越低，則這項活動受價值觀支配的程度越高，從而會受到文化差異的影響。技術性規則在會計學領域裡發揮的作用較弱，歷史形成的慣例比自然規律在會計學領域發揮的作用更大。因此，會計規則及其使用的方式會隨著國家文化的變化而變化。」人的要素和技術性要素的相互作用解釋了為什麼會計活動是依賴於文化的。

　　價值觀是文化的核心，為了研究文化對會計活動的影響，首先需要瞭解會計人員的文化價值觀是怎樣的，文化價值觀如何在不同情境中影響會計人員的行為，包括他們做出的決策和判斷行為。

　　現有的關於文化對會計人員應用會計準則行為影響的研究主要依賴Hofstede-Gray框架。但是，Hofstede的工作相關文化價值觀可能忽略了文化的深度、廣度和複雜性（Gernon & Wallace, 1995；Chow 等, 1999；Harrison & McKinnon, 1999）；此外，Gray 確定的會計價值觀缺乏理論上的嚴謹性，從而也無法對會計實務的多樣性做出充分解釋。這就需要一套綜合的、普遍的價值觀理論來解釋文化對會計活動的影響。在心理學領域，Schwartz 價值觀理論具有核心地位，其構建的個體基本價值觀模型具有跨文化普遍性，且有相應的測量工具（李玲，金盛華，2016）；Schwartz 的個人價值觀問卷可能更適宜推廣到會計領域（Doupnik & Tsakumis, 2004）。因此，本書選擇了 Schwartz 基於動機的人類價值觀理論來解釋文化對會計活動的影響。

　　本章第一節和第二節將論述如何將 Schwartz 人類基礎價值觀應用於會計領域，形成一套可用來解釋會計實務行為的會計動機價值觀；本章第三節將論述 Schwartz 的人類基礎價值觀理論的測量工具及其可靠性和效度問題；本章第四節簡要論述了文化水準 Schwartz 人類基礎價值觀。

第一節　Schwartz 的基礎價值觀

早在 20 世紀 50 年代，由 Kluckhohn 提出的價值觀概念就在西方心理學界確定了支配地位，他把價值觀定義為：一種外顯或內隱的，有關什麼是「值得的」的看法，它是個人或群體的特徵，影響著人們對行為方式、手段和目標的選擇（Kluckhohn, 1951）。20 世紀 70 年代，Rokeach 認為價值觀是指一般的信念，它具有動機功能，而且不僅是評價性的，還是規範性的和禁止性的，是行動和態度的指導，並把價值觀分為終極價值觀和工具價值觀兩個層面，開始了從維度上對價值觀的分析和測量（Rokeach, 1973）。20 世紀 80 年代以來，Schwartz 在 Rokeach 終極價值觀和工具價值觀的理論之上，從需要和動機出發，解釋了價值觀的深層內涵，並在此基礎上構建了一個具有普遍文化適應性的價值觀心理結構，提出了人類基礎價值觀理論。

人類基礎價值觀是關於人們追求目標的主觀信念和態度，是指導人們生活的原則，由一組具體化的動機目標構成的（Schwartz, 1992）。Schwartz 和 Bilsky（1987）認為價值觀是對以下三種人類普遍基本需要的認知表徵：①作為生物體個人的需要；②社會交往合作的需要；③集體福利和生存的需要。

Schwartz 和 Bilsky（1987）對價值觀的概念做了進一步闡述：

（1）價值觀是一種信念，但不是客觀的、冰冷的理念，相反，在被激活時，價值觀充滿了感情。

（2）價值觀是人們追求的目標和促進這些目標的行為模式。

（3）價值觀是超越具體行為和情境的。

（4）價值觀是一種標準，指導人們做出選擇，對行為、事件進行評估。

（5）價值觀是按照相對重要性進行次序排列的，次序排列的價值觀形成了價值觀偏好系統，價值觀偏好系統體現了文化和個體的特徵。

價值觀對於個體或群體態度和行為的解釋、預測、導向作用是明顯存在的，不同的價值觀將導致不同的效應。Bardi 和 Schwartz（2003）的研究發現大部分個體價值觀與其對應的行為有高相關，且與其對應行為之間的關係也是一個環狀結構。Cheung、Luke 和 Maio（2014）的研究發現，個體的自我超越類價值觀影響著個人道德準則及其保護環境的行為意向。現有的研究還發現，價值觀影響著人的認知。例如：Torelli 和 Kaikati（2009）的研究發現，當個體採用抽象思維加工信息的時候，價值觀與行為能夠保持較高的一致性，而當個

體採用具體思維來加工信息的時候，價值觀與行為的一致性程度就較低。Sortheix 和 Lönnqvist（2015）的研究發現：個人價值觀本身並不直接影響生活滿意度，而是這些價值觀如何與社會背景相匹配，當個體和群體價值觀一致時，便會對主觀幸福感起促進作用。

如果文化價值觀作為人們追求目標的主觀信念和態度，能夠指導人們的生活，那麼這些價值觀也必然會體現在會計人員的態度和行為中。又因為文化價值觀是超越具體行為和情境的，所以來自不同文化群體的會計人員的態度和行為也會存在差異。來自不同文化群體的會計人員的態度和行為的差異，可以通過這些不同文化群體的會計人員對價值觀偏好的不同體現出來，而這些價值觀偏好的差異將導致會計實務處理的差異。

Schwartz（1992）在發展基礎價值觀結構時，主要從 20 個國家的學校教師中抽樣選取了參與人，每一個國家約選取了 200 位教師。這些參與人代表了「每一塊有人居住的大陸上的文化」「13 種不同的語言」和「8 種主要的宗教以及無神論者」（Schwartz, 1992）。Schwartz 要求學校老師對 56 個不同價值觀作為指導他們生活原則的重要程度進行評價，評價結果用 9 級評分量表表達他們的意見。這些價值觀是由 Schwartz 根據 Rokeach（1973）的價值觀分類、Hofstede（1980）的工作相關文化價值觀以及考慮了其他文化和宗教的情況後確定的。Schwartz 認為選擇學校教師作為研究的參與人，是因為他們是各自文化的最好代表。「他們（小學教師）在價值觀社會化的過程中起到了明顯的作用，他們可能是文化的主要承載者，他們沒有處在社會變革的前沿，最接近於社會廣泛認可的價值觀」（Schwartz, 1992）。Schwartz 用最小空間分析法（Smallest Space Analysis）對 56 個不同價值觀的重要性評分進行了結構分析。

Schwartz 認為人類社會存在著跨文化、跨情境的普遍價值觀結構。他指出，當人們追求代表其價值觀的目標時，普遍的人類社會條件將產生跨文化的和一致的心理、實踐和社會影響。因此，各文化群體之間不同文化價值觀的一致性關係反應出的是這些價值觀之間衝突或相容的心理過程。Schwartz 利用這些關係，構建了一個具有普遍文化適應性的人類基礎價值觀結構，這一結構由反應不同動機目標的價值觀組成。

基本價值觀結構的維度取決於對不同價值觀重要性評分的分析是在個體水準還是在文化水準上進行的。個人水準的價值觀結構和文化水準的價值觀結構反應的是價值觀之間衝突和相容的不同的動態過程。文化水準的價值觀結構代表的是社會機構的動機目標，不同的文化水準價值觀之間的關係反應的是這些社會機構追求其動機目標時，價值觀之間的衝突和相容的社會動態過程

(Schwartz，1999)。個人水準的價值觀結構代表的則是能夠作為指導個體生活原則的動機目標（Schwartz，1992)，不同的個體水準價值觀之間的關係反應的是個體在日常生活中追求其動機目標時，價值觀之間的衝突和相容的心理動態過程。

如果要研究不同文化環境中會計人員的個體特徵與行為的關係，應當使用會計人員個體水準的價值觀維度；如果要將會計人員的價值觀視作一種不同文化制度特徵，那麼使用文化水準的價值觀維度較為恰當。從本書的研究目的出發，本書擬使用會計人員個體水準的價值觀維度。

第二節　個體水準的價值觀

Schwartz（1992）認為，基礎價值觀結構包括10種動機價值觀類型：自主（self-direction)、刺激（stimulation)、享樂（hedonism)、成就（achievement)、權力（power)、安全（security)、遵從（conformity)、傳統（tradition)、友善（benevolence）和博愛（universalism)。這10種不同類型的價值觀類型代表了不同文化背景下人們的「普遍」的動機目標。

Schwartz（1992）的研究結果提供了這一個體水準價值觀類型具有一般性的證據，以及人們將這十種價值觀類型作為指導其生活原則的證據。

一、動機價值觀的類型

Schwartz對每一種價值觀類型都以它的核心目標做了定義。表3-1描述了Schwartz（1992）的自主、刺激、享樂、成就、權力、安全、遵從、傳統、友善和博愛這十種動機價值觀類型及其定義。

表 3-1　　　　　　　　個體水準價值觀類型的定義

價值觀類型	與動機關聯的定義
自主	思考和行為的獨立性
刺激	刺激、新穎和生活的改變
享樂	愉快或個體感官上的滿足
成就	根據社會的標準，通過展示能力獲得個體的成功
權力	社會地位和名望，對他人和資源的控制

表3-1(續)

價值觀類型	與動機關聯的定義
安全	安全、和諧以及社會、關係和自我的穩定
遵從	限制可能傷害他人和違背社會期望的行為和傾向
傳統	尊重、接受文化或宗教中傳達的傳統和理念
友善	保護和提高經常與之交往的人的福利
博愛	為了人類的福祉和自然而理解、欣賞、忍耐

以下本書將逐一分析這十種動機價值觀類型與會計實務的聯繫。

（一）自主

自主動機目標指依賴並從個體獨立的決策、創造力和行為中得到的滿足（Schwartz & Bilsky，1987）。自主價值觀類型包含創造力、自由、自主選擇目標等一組價值觀（Schwartz，1992）。會計實務中的自主動機代表會計人員傾向於運用專業判斷而不會被法律法規所束縛的慾望，代表的是「獨立的職業判斷」會計動機價值觀。在做出這些職業判斷時，會計人員能滿足他們獨立思考和行動的需要。自主動機價值觀在一定程度上與Gray（1988）的職業化會計價值觀相聯繫。

（二）刺激

刺激動機目標是為了追求生活的激動、新奇和變化（Schwartz，1992）。刺激價值觀類型源自「為了維持最優的激活（activation）水準，有機體對變化和刺激的需求」所產生的一組價值觀（Schwartz，1992）。因此，會計人員偏好刺激動機說明他們在確認、計量和財務信息的披露時存在對風險的熱衷，代表的是「風險接受」會計動機價值觀。偏好刺激動機與穩健性原則是衝突的。

（三）享樂

享樂動機目標是為了追求個體感官上的滿足或愉快，來自個體滿足生理的需要。享樂價值觀類型包含愉快和享受生活價值觀（Schwartz，1992）。除了從挑戰性的工作和會計人員的職位帶來的聲譽中獲得的物質享受和愉快之外，享樂動機在會計實務中沒有明顯的行為體現。

（四）成就

成就動機目標指根據社會的標準，通過展示能力獲得個體的成功，源自個體自我肯定需要及群體或集體互動的需要。成就價值觀類型包含成功、有能力、有抱負和有影響力等價值觀（Schwartz，1992）。成就動機目標反應的是會計人員在工作中維持高水準的專業性的努力和能力，代表的是「職業勝任能

力」會計動機價值觀。

（五）權力

權力動機目標指社會地位和名望，對他人和資源的控制（Schwartz, 1992）。權力的慾望來自社會機構運行中身分差異的重要性。權力價值觀類型包含權威、財富、社會權力、保護我的公共形象以及社會認可等價值觀（Schwartz, 1992）。在會計實務中，權利動機反應的是會計人員希望自我監管而不是受到政府管制的願望，代表的是「保持職業地位」會計動機價值觀。

（六）安全

安全動機價值觀指對安全、和諧以及社會、關係和自我穩定的渴望（Schwartz, 1992），來源於保護個人和集體的基本需要。安全價值觀類型包含社會秩序、家庭安全、國家安全、善行的回報、清潔、歸屬感和健康等價值觀。在會計實務中，安全動機反應的是會計人員在會計實務和執業行為中，希望確定、穩定和完整的願望。對安全價值觀的偏好將使會計人員採取穩健和謹慎的態度，在會計實務工作中保持應有的職業關注和勤勉，並較為看重可靠性和可信性。對安全的渴望會導致會計人員對波動的厭惡和對統一性和一致性的偏好。安全動機價值包含了 Gray（1988）的統一性和穩健性會計價值觀的要素，代表的是「統一性、穩健性、謹慎性和完整性」會計動機價值觀。

（七）遵從

遵從動機目標指限制可能傷害他人和違背社會期望的行為和傾向（Schwartz, 1992），是個體禁止那些將會打擾和破壞友好交往和組織功能的行為傾向。遵從價值觀類型包含服從、自律、尊師敬長等價值觀（Schwartz, 1992）。在會計實務中，遵從動機反應的是會計人員傾向於遵循組織和監管機構制定的規章制度，代表的是「遵循規章制度」會計動機價值觀。遵從價值觀與 Gray（1988）的法律控制會計價值觀較為接近。

（八）傳統

傳統動機目標與遵從動機目標較為接近。傳統動機目標指尊重、接受文化或宗教中傳達的傳統和理念（Schwartz, 1992）。傳統價值觀類型包含尊重傳統、謙卑、虔誠和有節制等價值觀。Schwartz 認為遵從價值觀和傳統價值觀的區別在於：個人處於從屬地位時，其服從的對象並不相同。當個人處於從屬地位時，遵從價值觀指個人服從的是一些經常交往的人，如父母、老師和老板；而傳統價值觀指個人服從的是一些抽象的對象，如宗教、文化習慣和觀念。作為一個推論，遵從價值觀倡導對當前可能發生變化的預期做出反應，而傳統價值觀則需要對過去確定的不變的預期做出反應（Schwartz, 1992）。

因此，在會計實務中，遵從動機反應的是會計人員傾向於遵循組織和監管機構制定的規章制度，而傳統動機反應的是會計人員傾向於遵循公認的會計慣例和實務，如遵循傳統的以交易為基礎的歷史成本會計，代表的是「遵循公認會計慣例」會計動機價值觀。

（九）友善

友善動機目標是指保護和提高經常與之交往的人的福利（Schwartz, 1992），其源於促進組織繁榮、有機體歸屬的基本需要。友善價值觀類型包含樂於助人、忠誠、寬容、誠實、責任和友情等價值觀。在會計實務中，友善動機反應的是會計人員保護或增加所在組織或機構利益的需要，代表的是「保護組織利益」會計動機價值觀。

（十）博愛

博愛動機比友善動機關注的範圍更大。博愛動機目標指為了人類的福祉和自然而理解、欣賞、忍耐（Schwartz, 1992），是個體與組織生存的需要。博愛價值類型包含胸懷寬廣、社會正義、平等、世界和平、保護環境等價值觀（Schwartz, 1992）。在會計實務中，博愛代表的是「維護公眾利益」會計動機價值觀。

Schwartz（1992）通過對數據進行結構分析，確定了動機目標或價值觀類型之間動態關係的理論結構，如圖 3-1 所示。

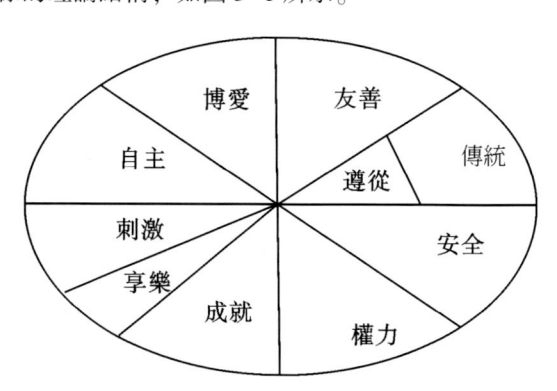

圖 3-1　動機價值觀的結構

Schwartz（1992）指出，價值觀結構中價值觀的排列是一個動機連續體，該連續體可用環狀結構來表徵。價值觀結構中位置越相近的價值觀，享有的動機類型也越相似，如權力和成就價值觀均強調的是社會的優越性和獲得自尊，成就與享樂價值觀均側重的是以自我為中心的滿足等；而對立動機的價值觀在價值觀結構中、方向上也是對立的。因此，價值觀類型之間動機的差異應當視

作連續的，而不是離散的。

二、動機價值觀的衝突和相容

Schwartz（1992）發現，圍繞價值觀環狀結構的各區域的次序支持他有關動機目標或價值觀之間存在動態關係的理論。他認為，追求每一種價值觀類型所採取的行動具有心理的、實際的和社會的影響，這些影響可能與追求其他種類價值觀類型的影響是相衝突或相容的。圖 3-1 中動機價值觀的環狀結構中相鄰的價值觀類型是相容的。在價值觀環狀結構中，隨著價值觀類型之間距離的增加，價值觀類型之間的相容性逐漸減弱，而衝突在逐漸增加。處在相對位置上的價值觀類型，其相互之間的衝突是最強的。

表 3-2 報告了十種個體基本價值觀中存在的九對相容關係。Schwartz（1992）認為，權力和成就價值觀都關注社會尊重。權力價值觀和成就價值觀的差異在於二者涉及的對象並不相同。「成就價值觀多指在每天的交往中，努力展示自己的努力（如雄心），而權力價值觀多指在社會結構中以地位的形式體現出來的、抽象的行動結果（如財富）。此外，成就價值觀僅指個體自己的努力，而權力價值觀也指社會中關係的科層組織（Schwartz, 1992）。」在會計實務中，成就價值觀反應在會計職業的成員對其專業和技術勝任能力渴望得到認可。權力價值觀體現在會計職業界希望會計職業作為一個獨立、自我管理機構的的願望能夠得到尊重。

表 3-2　　　　　　　　　　相容的價值觀類型

價值觀類型	相容性
1. 權力和成就	兩者均強調社會優越性和獲得自尊
2. 成就和享樂	兩者均側重自我的滿足
3. 享樂和刺激	兩者都需要情感上愉悅的刺激
4. 刺激和自主	兩者都具有內在的追求掌控和對變化開放的動機
5. 自主和博愛	兩者都表達出自主判斷和廣泛適應性
6. 博愛和友善	兩者都表現出對他人福祉的關懷和對個人利益的超越
7. 傳統和遵從	兩者都強調自我約束和服從
8. 遵從和安全	兩者都強調維護秩序及和諧的關係
9. 安全和權力	兩者都強調通過權力關係和資源避免或克服不確定性帶來的威脅

Schwartz（1992）認為，享樂具有雙重含義，因為在價值觀結構中，享樂價值觀在位置上既靠近刺激價值觀，又靠近成就價值觀。如果享樂價值觀在位置上更靠近成就價值觀，那麼享樂價值觀強調的是與職業勝任能力的成就相關的行為；如果享樂價值觀在位置上更靠近刺激價值觀，那麼享樂價值觀強調的是與承擔風險決策產生的刺激相關的行為。因此，在會計研究中如何解釋享樂價值觀取決於享樂價值觀與刺激價值觀還是與成就價值觀有更強的相關關係。

Schwartz（1992）認為，權力、成就和享樂價值觀共同表達了人們增強自己個人利益的動機（有時甚至不惜犧牲他人利益）。Schwartz 將這三種價值觀分類為一種更高階的價值觀類型，並將其命名為：自我增強（self-enhancement）。因此，那些在生活中將這些目標評價為重要的會計人員，具有增強其自身利益的行動傾向。

由於刺激和自主價值觀都具有內在的追求掌控和對變化開放的動機，這兩個價值觀是相容的（Schwartz, 1992）。這兩個價值觀都激勵人們在不可預測和不確定的情況下跟隨自我的智力和情感興趣（Schwartz, 1992）。因而在會計實務的環境中，會計人員追求自主動機目標時通過實施職業判斷進行獨立和創造性決策的渴望，與其追求刺激目標時在挑戰性、不確定和不可預測的環境中進行工作的願望是協調一致的。Schwartz 將刺激和自主這二種價值觀分類為一種更高階的價值觀類型，並將其命名為開放（openness to change）。

自主價值觀與博愛價值觀也是相容的。Schwartz（1992）認為能從獨立判斷的思考中獲得滿足感的個體更容易接受和容忍意見的多樣性。因此，渴望實施職業判斷而不願被死板的法律法規束縛的會計人員，更願意接受不同的意見。

然而，Schwartz（1992）發現：博愛價值觀和友善價值觀的相容程度更高。博愛和友善這兩個價值觀表達的都是激勵人們超越狹隘，不論遠近親疏地關懷、提升他人的福祉，保護大自然（Schwartz, 1992）。在會計實務的環境中，友善和博愛價值觀分別反應在保護組織和保護公眾利益的需要中。Schwartz 將友善和博愛這二種價值觀分類為一種更高階的價值觀類型，並將其命名為自我超越（self-transcendence）。

傳統價值觀和遵從價值觀是相容的。Schwartz（1992）認為，傳統和遵從價值觀共享了「個體服從社會施加的預期」這一相同的動機目標。在會計實務的環境中，傳統和遵從價值觀反應在會計人員在進行決策時對自我約束和不破壞現狀、不挑戰制度的需要中。鑒於傳統價值觀和遵從價值觀享有同樣的動機，在價值觀結構的模型中，二者共享同一個單元，如圖 3-1 所示。

Schwartz（1992）還發現：傳統價值觀和遵從價值觀與安全價值觀也是相容的。這些價值觀激勵人們保持現狀、維持與親近的人及與社會機構和傳統之間的確定性（Schwartz, 1992）。Schwartz 將傳統、遵從和安全這三種價值觀分類為一種更高階的價值觀類型，並將其命名為保守（conservation）。因而在會計實務的環境中，會計人員對保守價值觀的偏好反應在其遵守法律法規和諸如謹慎性原則等慣例的需要中，這樣可以維持確定和穩定的環境。

　　Schwartz（1992）發現，安全價值觀與權力價值觀也是相容的，因為這二種價值觀都反應了控制不確定性的需要。在會計實務的環境中，強有力的、獨立的會計職業將有助於維持會計實務的確定、穩定和完整。

　　在環狀價值觀結構中相鄰的價值觀是相容的，而處在對立方向區域的價值觀是衝突的。Schwartz（1992）在分析了這些衝突之後，提出了一個簡化的兩維度價值觀結構。這個兩維度的價值觀結構包括四個高階的價值觀類型，如圖 3-2 所示。

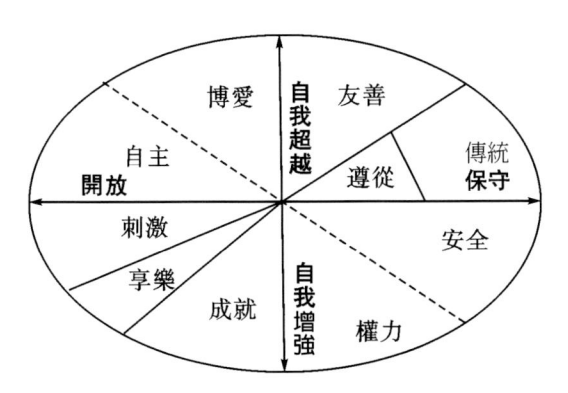

圖 3-2　高階的價值觀維度

　　第一個維度由開放和保守兩個對立的高階價值觀類型組成。因此，偏好在充滿挑戰和不確定的環境中實施職業判斷的會計行為，將與那些遵守統一的法律法規和慣例以維持確定、穩定環境的會計行為之間產生衝突。

　　第二個維度由自我增強和自我超越兩個對立的高階價值觀類型組成。因此，會計人員對增強其自身利益的渴望，將會與保護組織和公眾利益的需要產生衝突。

　　除了兩個維度的高階價值觀類型之間的衝突之外，Schwartz（1992）還發現，處於環狀價值觀結構外圍的一些動機價值觀目標與處於對立方向區域的價值觀存在著更強的負相關關係。與其他價值觀類型相比，傳統和權力這兩個動機目標處於環狀價值觀結構較外圍的區域，因此，傳統和權力這兩個動機目標

與處於對立方向區域的價值觀存在著更大的衝突。在會計實務的環境中，傳統慣例和實務對會計人員的影響可能更為深刻、更難改變。權力價值觀在會計實務中主要體現在保持會計職業的獨立和地位，這一傾向也會深刻影響著會計人員的行為。

　　Schwartz（1992）認為，價值觀結構中不同動機目標之間的一個重要區別是：動機目標的達成服務的是個人利益還是集體利益。服務於個人利益的價值觀與服務於集體利益的價值觀是對立的（Schwartz，1992）。

　　Schwartz（1992）認為，權力、成就、享樂、刺激和自主這五種價值觀類型主要服務於個人利益。在圖3-2中，這五種價值觀類型處在相鄰的區域。在會計實務的環境中，對這五種價值觀的偏好意味著會計人員傾向於將自身的利益置於他人利益之上。另外，友善、傳統和遵從這三種價值觀類型主要服務於集體利益，這三種價值觀類型處在相鄰的區域，且這一區域處於服務於個人利益價值觀區域的對立方向。對這三種價值觀的偏好意味著會計人員傾向於無私地服務於他人的利益。

　　Schwartz（1992）認為，博愛和安全這兩種價值觀類型處於上述兩個區域的分界處，因此，這兩種價值觀既服務於個人利益，又服務於集體利益。

三、會計動機價值觀

　　為了研究文化價值觀對會計人員行為的影響，本書將Schwartz的基礎價值觀理論引入會計研究中並認為：人類基礎價值觀和會計人員的職業教育與從事實務活動會共同影響會計人員的心理過程，從而形成會計人員的會計動機價值觀。

　　圖3-3表達了Schwartz的基礎價值觀與會計動機價值觀之間的聯繫。服務於公司或機構的組織利益和公眾利益是友善和博愛價值觀在會計實務中的體現。友善和博愛價值觀構成了更高階的自我超越價值觀。自我超越價值觀反應了會計人員為了其他人利益而超越自身利益的需要。權力和成就價值觀在會計實務中表現為會計人員展示其職業勝任能力和保持會計職業地位和影響的需要。權力和成就價值觀構成了更高階的自我增強價值觀。自我增強價值觀反應了會計人員增強自身利益的需要，而這與自我超越價值觀形成了直接的衝突。

　　遵從、傳統和安全價值觀在會計實務中體現為會計人員遵守法律法規和傳統會計慣例的需要。遵從、傳統和安全價值觀構成了更高階的保守價值觀。保守價值觀反應了會計人員渴望保持現狀和維持穩定和確定的環境。刺激和自主價值觀在會計實務中體現為會計人員在不確定的、動態環境中實施獨立的職業

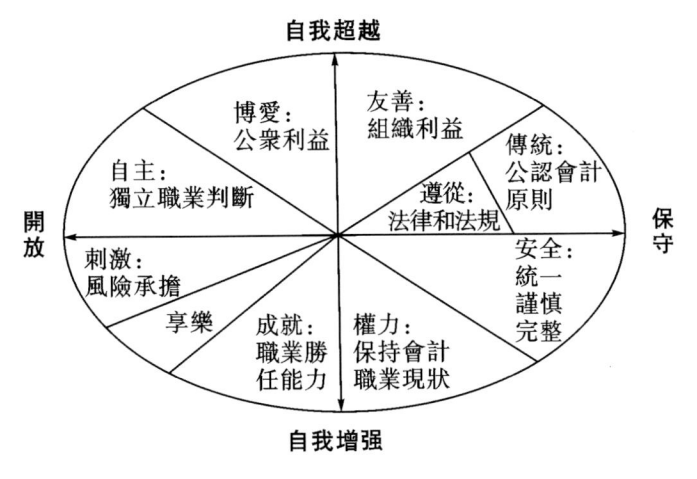

图 3-3　會計動機價值觀

判斷。刺激和自主價值觀構成了更高階的開放價值觀。開放價值觀反應了會計人員對變化和不確定開放的態度，而這與保守價值觀形成了直接的衝突。

　　享樂價值觀本身不會體現在任何具體的會計行為之中。如果數據分析的結果表明其與刺激價值觀有較強的相關關係，則享樂價值觀將會加強會計人員接受不確定、動態環境的意願。另外，如果數據分析的結果表明其與成就價值觀有較強的相關關係，則享樂價值觀將會加強會計人員展示自己職業勝任能力的願望。

　　從 Schwartz 的人類基礎價值觀分析得出的會計動機價值觀結構將會為分析文化對會計行為的影響提供一個有力的工具。

第三節　肖像價值觀問卷

　　Schwartz 等研究者發展了施瓦茨價值觀調查表（The Schwartz Values Survey, SVS）和肖像價值觀問卷（The Portrait Values Questionnaire, PVQ）兩個測量工具，測量個體在價值觀優先順序方面的差異。

　　施瓦茨價值觀調查表是基於人類動機的基礎價值觀理論研究的第一個工具，要求個體對不同的價值觀分別進行重要程度的評價。量表中包含 56 個項目，構成了權力、成就、享樂、刺激、自主、博愛、友善、傳統、遵從和安全 10 種價值觀類型。56 個項目由兩個部分組成：一部分包含 30 個項目，這些項目以名詞的形式描繪了向往的終極狀態；另一部分包含 26 個項目，這些項目

以形容詞的形式描述了達到向往狀態的可能的行為方式。量表採用 9 等級評分制，評分等級為最為重要（7）、重要（3）、不重要（0）和與我所持價值觀相反（-1）。這種不對稱的設計可以更好地瞭解人們對價值觀的評價。根據來自世界各地 70 多個國家的 200 多個樣本數據，最小空間分析法和驗證性因子分析的結果顯示：該量表項目在各種文化間代表著相同的含義，10 種價值觀的平均內部一致性（Cronbach's Alpha）係數為 0.68，從傳統價值觀的 0.61 到普遍價值觀的 0.75（Schwartz，2006）。

施瓦茨價值觀調查表沒有給參與調查的個體進行價值觀判斷時提供具體的生活情境，因而對參與調查個體的抽象思維和評估抽象概念的能力要求較高。Peng、Nisbett 和 Wong（1997）指出，使用價值觀的抽象措辭可能會影響測量工具的效度，因為價值觀重要程度評分的差異可能受到抽象措辭含義變化的影響，因此評分的差異可能並不能反應行為的差異。

為了提高基礎價值觀測量工具的效度，Schwartz 以主觀偏好量表為準則對施瓦茨價值觀調查表進行了修訂，編製了肖像價值觀問卷。此量表是為 11 歲以上的兒童和未接受過西方抽象、自由想像思維課程教育的成人準備的，不再採用以往抽象的價值觀類型，而是由能夠反應價值觀特徵的不同態度項目構成。

肖像價值觀問卷中描述了 40 個不同的個體肖像，每個肖像描述了假想中的一個人的目標、慾望和希望，這些目標、慾望和希望含蓄地表達出假想的這個個體的價值觀。測量過程中，參與調查的個體根據這些項目所描述的目標、態度、行為與自身的相似程度，回答「所描述的人與你有多相像」這樣的問題，並按 1 至 6 分制比率評分。如「安全的生活環境對他來說很重要」是測量安全價值觀的項目，參與調查的個體應根據描述的人與自己的相似程度進行評分。肖像價值觀問卷量表也得到了最小空間分析法和驗證性因子分析的有效證實，在 7 個國家的 14 個樣本驗證中得出 10 種價值觀的內部一致性系數的平均數是 0.68，變化範圍是從最低的傳統價值觀一致性系數 0.47 到成就價值觀的 0.80（Schwartz，2006）。

表 3-3 列出了肖像價值觀問卷的 40 個肖像和與之對應的 10 個價值觀類型。

表 3-3　　　　　　　　　　　　肖像與價值觀類型

價值觀類型	肖像
安全	●安全的生活環境對他/她來說很重要。他/她避免任何會危及自身安全的事情。
	●祖國的安危對他/她來說非常重要。他/她認為政府必須時刻警惕各種內憂外患。
	●把東西打理得乾淨整齊對他/她來說很重要。他/她非常不喜歡把東西胡亂地堆放在一起。
	●他/她千方百計地避免生病，保持身體健康對他/她來說非常重要。
	●政府的穩定對他/她來說很重要。他/她很關心社會秩序能否得到保護。
遵從	●他/她認為人們應該懂得安分守己。在他/她看來，人們隨時都要規規矩矩，即使在沒有旁人注意的時候。
	●保持個人行為舉止得體合宜對他/她來說很重要。他/她不希望做出任何會引起別人非議的事情。
	●懂得聽話和順從對他/她來說很重要。他/她認為自己始終都要尊敬父母和老年人。
	●禮貌待人對他/她來說很重要。他/她盡可能地做到從來不去打擾或惹惱別人。
傳統	●他/她認為懂得知足很重要。在他/她看來，人們應該為自己所擁有的感到滿足。
	●宗教信仰對他/她很重要。他/她努力地按照教規教義來為人處世。
	●他/她認為處世的最好方式便是遵從傳統。對他/她而言，繼承和發揚傳統的風俗習慣很重要。
	●保持謙遜對他/她來說很重要。他/她盡量避免引起別人的注意。
友善	●幫助自己周圍鄰里的人對他/她來說很重要。他/她希望讓他們過上幸福的生活。
	●保持對朋友忠心耿耿對他/她來說很重要。他/她真心地希望能夠為親人和朋友們付出一切。
	●體貼關心別人的需要和困難對他/她來說很重要。他/她盡量地支持幫助那些他/她所認識的人。
	●原諒傷害過自己的人對他/她來說很重要。他/她會盡量地去發現他們好的方面而不對他們懷恨在心。

表3-3(續)

價值觀類型	肖像
博愛	●他/她認為普天下人人平等很重要。他/她相信生活中應該人人機會均等。
	●廣泛地聽取他人的意見和想法對他/她來說很重要。即使他/她和別人意見不合，他/她仍然想理解他們。
	●他/她堅信人們應該關愛大自然。愛護環境對他/她來說很重要。
	●他/她相信世界上所有的人都應該和睦相處。促進世界各族人民之間和平相處對他/她來說很重要。
	●他/她渴望正義在每個人（即使是不認識的人）面前都能得到伸張。保護社會中的弱者對他/她來說很重要。
	●主動地適應自然並融於自然對他/她來說很重要。他/她覺得人們不應該改變大自然。
自主	●靈活的頭腦和豐富的想像力對他/她來說很重要。他/她喜歡有自己獨特的做事方式。
	●凡事自己做主對他/她來說很重要。他/她喜歡自主地籌劃安排自己的活動。
	●他/她認為生活中處處留心很重要。他/她喜歡用一顆好奇的心去洞察瞭解各種各樣的事物。
	●保持獨立自主對他/她來說很重要。他/她喜歡凡事依靠自己。
刺激	●他/她認為豐富多彩的人生經歷很重要。他/她熱衷於嘗試新鮮的事物。
	●他/她富有冒險精神。他/她總是熱衷於參與各種冒險（探險）活動。
	●他/她喜歡生活中驚喜不斷。生活過得刺激對他/她來說很重要。
享樂	●他/她總是不失時機地給自己找樂子。所做的事情能給自己帶來樂趣和享受對他/她來說很重要。
	●享受生活中的樂趣對他/她來說很重要。他/她喜歡「嬌慣」自己。
	●他/她非常渴望享受生活。對他/她來說，過得開心非常重要。
成就	●對他/她來說，把自己的能力表現出來很重要。他/她希望以此得到人們的欣賞和欽佩。
	●做一名成功者對他/她來說很重要。他/她喜歡讓別人佩服自己。
	●他/她認為胸懷理想和抱負很重要。他/她希望將自己的能力充分地展示出來。
	●生活中保持積極上進對他/她來說很重要。他/她努力拼搏，力爭比別人做得更好。

表3-3(續)

價值觀類型	肖像
權力	●富裕對他/她來說很重要。他/她希望自己有很多很多的錢並擁有許多昂貴的東西。 ●領導和指揮別人對他/她來說很重要。他/她想讓別人圍著自己轉。 ●他/她總是希望凡事可以由自己來決策。他/她很樂意擔任領導的角色。

第四節　文化水準的價值觀

　　文化水準的價值觀表達的是社會機構的動機目標，不同文化水準價值觀之間的關係反應的是當社會機構在追求其目標時，不同價值觀之間相容和衝突的社會動態過程。Schwartz（1999）重新分析了 Schwartz（1992）的數據，他通過分析各個文化群體的每一種價值觀類型重要性評分均值的相關係數，研究了文化水準的基本價值觀類型。Schwartz（1999）的研究結果發現存在和諧、掌控、嵌入、情感自主、思維自主、等級和平等主義七種文化水準的價值觀類型，如圖3-4所示。

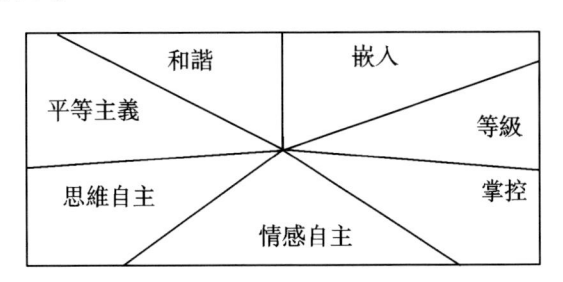

圖 3-4　文化水準價值觀結構

　　Schwartz（1999）確定七種文化水準價值觀是基於如下理由：一個社會的價值觀偏好可以從該社會個體成員價值觀偏好的匯總結果分析得出。「每個文化群體中的成員共享許多與價值觀相關的經歷並接受共享的社會價值觀。當然，在一個文化群體內部，由於每個人都具有獨特的經歷和人格，因此，價值觀偏好在個體之間並不相同。然而，社會成員不同價值觀的平均偏好反應的是他們共享的濡化過程作用的結果。因此，平均價值觀偏好將指向共同的基礎文化價值觀（Schwartz, 1999）。

Schwartz（1999）確定的七種文化水準的價值觀類型可表達為三對相互關聯的兩極維度，這些維度來自於所有社會都面臨的三個問題。

　　所有社會都面臨的第一個問題是個體與群體之間關係的性質，這類似於Hofstede（1980）提出的個人主義和集體主義的價值觀維度。Schwartz認為對於這一問題，應當考慮個體在組織中是嵌入組織的還是自主的。在自主的文化中，每一個人被看作自主的、邊界堅實的個體，被鼓勵去表達自己的獨特性。在強調嵌入性的文化中，人們被嵌入在集體中。每一個人需要通過群體目標、群體規範來獲得意義。因此，與這一問題對應的文化維度是：情感自主或思維自主維度以及嵌入維度。情感自主提倡追求有樂趣的、刺激的、變化多端的生活；思維自主指獨立自主地追求自己的想法，有好奇心，有創造力；嵌入是指尊重傳統，維持社會秩序，強調集體意識。

　　所有社會都面臨的第二個問題是如何維持社會的結構。Schwartz認為可採用引導社會成員承認彼此之間平等或通過等級制度中的權力差異解決這一問題。因此，與這一問題對應的文化維度是：平等主義維度和等級維度。平等主義維度主張共享人類的基本權利，關心所有人的福祉和利益，強調的是平等、社會公正、責任和互助。等級維度指按等級分配權力、任務和資源。

　　所有社會都面臨的第三個問題是關於人與人類資源和自然資源的關係問題。Schwartz認為可以採用積極掌控和改變世界或接受世界的現狀這兩種方式解決這一問題。因此，與這一問題對應的文化維度是：和諧維度和掌控維度。前者強調順應、接受環境而不是改變、掠奪環境；後者則是鼓勵通過改變環境而實現個體的目標，強調大膽、野心、能力。

　　Hofstede（1980）認為文化或社會價值觀會對社會習俗產生影響。因此，文化水準的價值觀會通過影響與會計活動有關的社會機構的結構和功能來影響會計實務活動。例如，一個強調掌控文化價值觀的社會可能比較關注公司的經濟績效；而一個強調和諧文化價值觀的社會可能比較關注公司活動對社會和環境的影響。因此，在研究與會計活動有關的社會機構的結構和功能時，應當考慮文化水準價值觀的影響。

　　綜上所述，在研究文化對會計的影響時，考慮到會計是一種人的要素與技術要素相互作用的活動這一點很重要。會計人員在進行主觀判斷時，必定會受到其所持有的文化價值觀的影響。Schwartz的人類基礎價值觀的理論為研究文化對會計的影響提供了一種有效的方法。基礎價值觀是超越具體情境存在的，因此，本書自然可以將其應用於會計領域之中。將Schwartz的人類基礎價值觀的理論應用於會計職業判斷研究之中，將有助於本書更好地理解文化對會計實務的影響。

第四章　理論分析與研究假說

價值觀作為文化的核心要素,是引導人們行為的主觀信念和理想目標(Schwartz & Bilsky, 1987)。「會計領域中所有的活動都涉及人類的行為。……會計研究不像物理學、化學、地理學或天文學那樣關注的是無生命的物體,會計研究關注的是人類群體的行為」(Henderson 等,1998)。會計活動不是一種單純的技術過程,而是一種人類的活動,這是文化價值觀會對會計行為產生影響的根本原因。

本章第一節對會計準則與職業判斷關係進行了理論分析;第二節從理論上分析了文化價值觀與會計人員對會計概念進行解釋之間的關係,並提出了相應的研究假說;第三節從理論上分析了文化價值觀與會計職業判斷之間的關係,並提出了相應的研究假說。

第一節　會計準則與職業判斷關係的理論分析

市場經濟的正常有序運轉,需要高質量的會計信息作為基礎和前提。高質量會計信息的產生需要一套高質量的會計準則以及會計人員良好的職業判斷。本節對會計準則與會計人員職業判斷的關係進行了理論分析並指出,正是由於會計準則本身的不完備(incomplete),才使得會計人員在應用會計準則時必須運用職業判斷。

一、會計準則完備性的含義

會計準則完備性(completeness)可以從兩種不同的角度去理解:

會計準則完備性的第一種理解來自信息經濟學。Demski(1973)認為,在制定會計準則時,在競爭性的備選會計準則之中進行的選擇,可以看作從不同的信息系統之中進行的選擇。這一選擇涉及不同的個體在進行特定決策時對期

望效用的計算。對於所有備選的會計準則對，如果人們均認為一種會計準則優於另一種，或者兩種會計準則是無差別的，則稱其為社會偏好完備的。Demski 不可能定理認為，當人們的偏好不同或需要做出的決策不同時，社會偏好完備是不可能達到的。也即，會計準則是社會偏好不完備的。

會計準則完備性的第二種理解是指會計準則的決策程序完備性。當且僅當會計準則能為會計人員在所有可能的情況下提供如何報告的決策程序時，會計準則才是決策程序完備的。如果會計準則是決策程序完備的，即它能告訴會計人員面對各種情況應如何處理，那麼所有會計問題都會被現存的會計準則所解決，此時根本不需要會計人員進行職業判斷，當然，也不需要制定新的會計準則。但是，有限理性的人是無法預見未來所有可能的情況的，因此會計準則必定是決策程序不完備的。此時，會計職業判斷就有了存在的空間。

社會偏好完備和決策程序完備是不同的概念。例如，一個在某些情況下無法給會計人員如何報告提供指導的會計準則是決策程序不完備的，但是會計準則制定者依然可以通過修改會計準則（在極端的情況下放棄會計準則）來協調不同個體偏好的差異，達到會計準則社會偏好的完備。

二、會計準則應用的邏輯

本部分以資產的定義來說明會計準則應用的邏輯，因為符合資產的定義是確認資產的前提條件之一。中國《企業會計準則——基本準則》第二十一條指出：「符合本準則第二十條規定的資產定義的資源，在同時滿足以下條件時，確認為資產：（一）與該資源有關的經濟利益很可能流入企業；（二）該資源的成本或者價值能夠可靠地計量。」《企業會計準則——基本準則》第二十條給出了資產的定義：「資產是指企業過去的交易或者事項形成的、由企業擁有或者控制的、預期會給企業帶來經濟利益的資源。」

國際會計準則理事會發布的《財務報告概念框架》第4.37段指出：「確認是指將符合要素定義和第4.38段規定的確認標準的項目納入資產負債表或收益表的過程。」（《國際財務報告準則2015》）《財務報告概念框架》第4.38段指出：「如果符合下列標準，就應當確認一個符合要素定義的項目：（1）與該項目有關的未來經濟利益將很可能流入或流出主體；以及（2）該項目的成本或價值能夠可靠地計量。」（《國際財務報告準則2015》）《財務報告概念框架》第4.4段給出了資產的定義：「資產是指由於過去事項由主體控制的、預期會導致未來經濟利益流入主體的資源。」（《國際財務報告準則2015》）通過對比可以看出，國際財務報告準則有關確認條件和資產的定義與中國企業會

計準則的表述是基本一致的。因此，下面的分析將根據中國企業會計準則的相關表述展開。

從中國《企業會計準則——基本準則》的資產定義來看，一項資源要分類為資產必須符合三個必要而非充分條件：①一是該資產一定來自過去的交易或事項；②二是該資產應由企業擁有或控制；③三是該資產預期會給企業帶來經濟利益。

現在假定本書看到資產負債表上列報了一個資產項目，則可以推斷出這個項目必定來自過去的交易或事項；而如果本書知道某個項目不是來自過去的交易或事項，則自然可以推斷出這個項目不是資產。但是，資產定義本身是存在局限的。例如：「如果一個項目來自過去的交易或事項，它必定是資產」以及「如果一個項目不是資產，則它不是來自過去的交易或事項」這兩個命題均不正確。因為本書知道：如果一個項目來自過去的交易或事項，那麼它還可能是一個負債項目；而如果一個項目不是資產而是負債，則它仍然是來自過去的交易或事項。因此，會計準則中作為確認前提條件的資產定義，僅僅給出的是劃分資產的必要條件，而沒有給出劃分資產的充分條件。此外，會計人員在確定能否將一個項目分類為資產項目時，還需要將「控制」「未來經濟利益」等比較模糊的詞彙運用於實際。

會計準則應用的邏輯表明，財務報表的閱讀者和編製財務報表的會計人員在如何應用會計準則方面存在天然的差異。當財務報表的閱讀者看到資產負債表中的資產項目時，儘管他們不能直接觀察到這些項目，這些報表閱讀者仍然可以推斷：這些資產項目必定同時具備了上述三個必要條件。但是，這三個必要條件畢竟僅僅是一項資源能被分類為資產的必要條件，而不是充分條件。編製財務報表的會計人員在觀察到這三個必要條件中的任意一條不存在時，會計準則將禁止會計人員把這一資源分類為資產項目；但是，當這三個必要條件同時存在時，會計準則允許但不要求將這一資源披露為資產項目。例如，研究和開發支出同時滿足這三個必要條件，但是否將其分類資產，還依賴於會計人員做出的職業判斷。

三、職業判斷

通過對資產定義的解析，本書發現會計準則本身是決策程序不完備的。因此，會計人員在應用會計準則時，至少還需實施以下三種類型的職業判斷：

（1）語義判斷（semantic judgment）

因為如「控制」「未來經濟利益」這些會計概念本身就是模糊的，會計人

員在應用這些概念時就必須考慮這些概念與事物之間的語義關係（Sterling, 1970）。

（2）實用主義判斷（pragmatic judgment）

通過上述對資產定義的分析，「該資產一定來自過去的交易或事項」「該資產應由企業擁有或控制」和「該資產預期會給企業帶來經濟利益」這三個必要條件並不能完整地定義資產，這種不完備性要求會計人員必須運用實用義判斷。

（3）制度判斷（institutional judgment）

在個別情況下，一些不滿足資產或負債定義中必要條件的項目，會計準則制定機構也應當將其列為資產或負債，這需要會計準則制定機構實施制度判斷。

（一）語義判斷

在確定一個項目是否應當作為資產等要素在財務報表中確認時，會計人員首先需要就「交易」「控制」等會計概念應用在該項目上進行語義上的職業判斷。例如：公司的一家客戶準備採購公司的產品，這家客戶的採購意圖應當在公司的資產負債表中披露嗎？與這一決策相關的語義判斷是：採購意圖產生了一項過去的交易或事項了嗎？答案顯然是否定的。因此，這一採購意圖不能作為資產在報表中披露。

會計準則中並不存在一個主體應當滿足何種充分和必要條件才能實施控制的規定，因此會計人員針對「控制」這一概念也需要進行語義上的職業判斷。在實際的會計業務活動中，控制永遠是一個程度的問題，其範圍從無法控制到絕對控制。例如：在資產負債表中列報的應收帳款，其款項的可收回程度也不是絕對可以保證的。會計人員判斷其達到很可能收回的程度，就可以在資產負債表中確認了。會計人員圍繞會計概念進行的語義判斷，很可能出現在不同業務中並不完全相同的情況中。

（二）實用主義判斷

實用主義判斷可能是會計實務中最困難和最有趣的判斷。假定會計人員判斷一項資源滿足「該資產一定來自過去的交易或事項」「該資產應由企業擁有或控制」和「該資產預期會給企業帶來經濟利益」這三個必要條件，那麼這項資源應當作為資產披露嗎？回答這一問題要求會計人員進行實用主義判斷，即判斷人們如何對這一披露進行反應（Sterling, 1970）。

一個很自然的問題是：為什麼會計準則制定機構在制定判斷一項資源是否是資產的準則時，僅僅規定了三個必要條件，而不是規定五個、十個或二十個

必要條件呢？如果會計準則制定機構最終能夠確定判斷一項資源是否是資產的充分必要條件，那麼，實用主義判斷不就可以不用存在了嗎？假設存在一個資產屬性的完備集 S，$S=\{P1, P2, \cdots, Pm\}$，完備集中的每一個元素 Pi 都是一個必要條件，所有必要條件的集合共同構成判斷一項資源是否是資產的充分條件。此時，會計師只需要列出一項資源的所有屬性，如果這項資源具備完備集合 S 中的所有屬性，則這一項資源可以作為資產披露；如果這項資源不具備完備集合 S 中的任意一個屬性，則這一項資源不能作為資產披露。

現在本書從實用主義角度分三種情形討論「會計準則制定機構在制定會計準則時，僅僅規定了較少的必要條件，而不是確定了一個完備集合 S，從而允許會計人員在考慮一項資源是否可以作為資產披露時使用職業判斷」這一問題的原因。

（1）如果會計準則制定機構在制定判斷一項資源是否是資產的準則時，規定了多於三個的必要條件如規定了六個必要條件，則此時與原先規定了三個必要條件時可以作為資產進行披露的資源數量相比，規定了更多必要條件並同時符合這些條件，從而能夠在報表中作為資產披露的資源數量減少了。從報表使用者的角度來看，包括會計準則制定機構的任何機構和個體都無法判斷出，規定較多必要條件是否為報表使用提供了更多的信息。這一問題與 Demski（1973）的不可能定理提出的問題是一樣的，其答案取決於眾多報表使用者的偏好。

（2）如果會計準則制定機構在制定判斷一項資源是否是資產的準則時，在原先三個必要條件的基礎上，規定只要再具備條件 P1 或 P2 中的一個即可。例如，會計人員在觀察到一項資源除了具備三個必要條件之外，還具備條件 P1，那麼，這一資源可以作為資產進行披露。但是，財務報表的使用者只能看到這一項資源是作為資產進行披露的，他們無法觀察到這一項資源本身。因此財務報表使用者只能知道這一項資源具備三個必要條件，而無法判斷這一資源還具備條件 P1 或 P2 中的哪一個，抑或同時具備 P1 和 P2 兩個條件。這樣，在原先三個必要條件的基礎之上增加了必要條件雖然有利於會計人員更好地做出判斷，但增加的條件並沒有向報表使用者傳遞更多、更有用的信息，財務報表使用者並不必然從條件增加中獲得收益。

（3）會計準則規定較少必要條件的第三個原因是：可能根本無法找到充分條件。因為有限理性的人是無法充分預計到未來可能發生的各種情況的，因此事先考慮的條件再多也可能依然會有例外發生。

上述資源能否作為資產進行披露的原因分析可以推廣到一般情況。因此，

上述分析表明：會計準則無法為會計人員或財務報表使用者提供完備的指導。但是，不完備的會計準則依然是有價值的，這些準則可以為會計人員提供進行職業判斷的基礎，並為財務報表使用者依據會計人員職業判斷的結果做出有效推斷提供幫助。追求決策程序完備的會計準則本身是不可行的，更有意義的是如何理性地使用不完備的會計準則。

不完備的會計準則不會阻礙財務報表使用者從財務報表中獲取有用的信息。當然，財務報表使用者在使用報表時，也需要進行語義解釋。他們也應當知道「交易」「控制」等會計概念本身表達了何種意義，應當知道會計人員是如何使用會計準則的。這就要求會計人員和財務報表使用者應當具有相同的教育背景。

（三）制度判斷

隨著經濟的不斷發展，會計學也在持續地發生變化。例如，現代經濟中衍生金融工具的廣泛使用，催生了以廣泛使用公允價值計量為特徵的會計學的許多變化和發展。未預期到的挑戰對會計學變革的要求，產生了會計人員實施職業判斷的最後一個層次——制度判斷。

語義判斷和實用主義判斷對所有的會計執業人員都很重要，但是制度判斷僅僅對會計準則制定者較為重要。會計準則制定者應當時刻關注自身領域現實情況的重大變化以及會計理論革新的契機，恰當地實施制度判斷，推進會計準則的不斷變革。

本節通過對會計準則與職業判斷關係的考察，發現會計準則本身是社會偏好不完備的。同時，會計準則本身就是決策程序不完備的，這是因為會計準則只能為相關決策提供必要但不充分的條件，以及必要條件本身還存在語義模糊性的問題。因此，會計人員在應用會計準則時，將實施語義判斷、實用主義判斷和制度判斷這三種類型的職業判斷。

第二節　文化價值觀與會計人員對會計概念的解釋

一、會計概念解釋不一致的實證研究證據

會計準則的決策不完備性使會計人員在處理會計業務時，必須運用語義判斷和實用主義判斷。會計準則包含著大量指導會計人員實施判斷的會計概念。對會計概念的解釋及相應的職業判斷會影響企業對外編製的財務報告的質量。如 St. Pierre 和 Anderson（1984）研究了針對註冊會計師的訴訟，研究結果表

明：註冊會計師存在的主要問題不是程序性事項，而是其對會計原則和審計準則的解釋。前美國證券交易委員會首席會計師 Walter Schuetze（1993）也認為，20 世紀 80 年代的儲蓄和貸款危機引發的訴訟和註冊會計師的法律責任，主要是由模糊的會計原則而不是由審計失敗導致的。

Osgood、Suci 和 Tannenbaum（1957）在實驗心理學中發展了語義差別測量方法，並區分了概念的語面意義（denotative meaning）和內涵意義（connotative meaning）。語面意義指概念的字面含義，而內涵意義則指概念的主觀或情感含義。Osgood、Suci 和 Tannenbaum（1957）認為，即便參與溝通的各方對概念的字面含義沒有分歧，他們仍然會對同一概念表現出不同的行為反應，這說明內涵意義在驅動人的行為方面具有重要作用。研究者將 Osgood、Suci 和 Tannenbaum（1957）的語義測量方法運用於會計領域的研究之中，這些實證研究的結果表明：財務報告信息的編製者、審計師和財務報告信息的使用者對基本會計概念的解釋並不相同（Haried, 1973；Houghton, 1987b, 1988；Houghton & Messier, 1990；Karvel, 1979；Oliver, 1974；Hronsky & Houghton, 2001；Aharony & Dotan, 2004；等等）。如 Aharony 和 Dotan（2004）研究發現，財務報表編製者、審計師和財務報表使用者對概率閾值的解釋並不相同，與財務報表編製者和審計師相比，財務報表使用者確定的閾值更低，從而引起對更多應計項目的確認。Houghton（1987b）研究發現，學生持有的會計概念的含義會隨著時間而變化。Houghton 和 Hronsky（1993）研究發現，會計職業界無經驗人員和有執業經險人員對會計概念含義的理解並不相同。

Osgood、Suci 和 Tannenbaum（1957）發現語義空間（semantic space）存在評價（evaluative）、效力（potency）和活躍（activity）三個維度。評價維度代表了語義差異量表中的「好-壞」，效力維度代表了語義差異量表中的「強-弱」，活躍維度代表了語義差異量表中的「積極-消極」。會計領域中語義空間也具有評價、效力和活躍這三個維度（Houghton, 1988），具有一定知識水準或掌握會計信息知識的參與人能夠展示出這種認知的複雜性（Houghton, 1987a, 1988）。

上述研究表明，會計人員運用會計準則中的概念時，解釋和運用概念的方式並不一致。這種對會計概念解釋和運用的不一致與會計人員的認知能力和心理過程有關。

二、文化價值觀對會計概念解釋的影響

在會計信息系統運行過程中，會計人員在觀察到企業發生的交易和事項

後，按照公認會計原則的要求對交易和事項進行計量，並編製財務報表。觀察和計量交易和事項，並以適當的形式和內容列報信息，這一過程涉及會計活動中技術與人的因素之間的相互作用（Perera，1989）。會計活動中的技術因素主要指由確定的技術規則支配的會計信息處理活動，如日記帳和分類帳的登記；而會計活動中哪些交易和事項可以確認、使用何種方法進行計量、在財務報表中披露信息的方式和範圍等決策活動則主要受人的因素的影響。

Chambers（1966）把會計描述成一個信息處理和溝通的系統。「當符號或信號從信息源通過聯結渠道傳遞到接收方時，作為一種物理過程的溝通就發生了。在本書當前的情境中，信息源是一系列的事項和影響。符號或信號則是這些事項和影響特徵的表述。渠道則是對這些事項的某一特定方面進行觀察、描述、記錄、匯總並傳遞結果的整個過程。接收方則是指行動者。但是，不能僅僅將溝通視作一個物理過程。接收方需要能夠表述其所處情況的重要性或意義的符號。人們相互之間的溝通就是傳遞重要性，是將一個人的觀察或一個人觀察、記錄和處理的結果傳遞到另一個人的腦海中」（Chambers，1966）。會計活動中的技術性因素涉及傳遞有關經濟事項和交易特徵的符號或信號。這一技術性因素受到會計人員如何知覺、解釋和評價這些符號或信號的影響。因此，會計人員觀察、解釋和評價交易和事項的結果決定著會計信息系統輸入和輸出的結果，而觀察、解釋和評價行為由會計人員的認知能力和心理過程決定。會計活動中人和技術因素的相互作用必然會受到會計人員認知能力和心理過程的影響。

Chambers（1966）認為，會計人員的心理過程受到他們的知識、經驗和環境的影響。當外部環境變化時，會計人員會產生恰當的行為和反應。Smith 和 Schwartz（1987）指出，當人們在社會機構中完成自己的任務時，他們的文化價值觀會幫助他們決定哪一種行為是適當的，哪些選擇對他人而言是合理的，因此，會計人員對外部環境的行為和反應受其價值觀、態度和信念的影響。如果會計專業教育和培訓能夠塑造會計人員的價值觀，那麼這些價值觀就會從會計人員的態度和行為中表現出來。這些價值觀通過影響會計人員的心理過程形成不同的心理反應，即來自不同文化群體的會計人員觀察、解釋和評價交易和事項的方式並不相同。

會計人員依據其擁有的知識、經驗和所處環境，把觀察到的交易或事項加工成信息，這些信息由一系列的符號（signs）組成。由會計人員加工形成的這些符號由文字和數字組成，這些文字和數字會指出交易或事項發生的時間、交易或事項的特徵及金額的大小。

這些符號含義的解釋與知覺（perception）是符號使用者（如會計人員和報表使用者）對符號刺激（如會計術語和概念）的心理反應（Osgood 等，1957）。這種對會計概念或術語進行解釋與知覺的心理反應會形成會計概念的內涵意義。

Osgood 等（1957）認為，符號與符號代表的事物之間的關係會影響會計人員和會計信息使用者對概念含義的理解。例如，術語「工廠和機器設備」的含義與它代表的客觀事物之間的關係較為直接，會計人員和會計信息使用者對「機器和設備」這一符號所代表的內涵意義的解釋並沒有明顯的差別；但是術語「資產」的含義與它代表的客觀事物之間的關係是間接的，其含義是通過與諸如「未來經濟利益」和「資源」等符號的關聯指派（assigns）產生的。Osgood 等（1957）認為，類似「資產」「負債」這樣由指派產生的術語，由於其表徵過程依賴於其他符號，因此，使用者對其含義的理解可能並不相同。會計人員是在會計學知識框架的情境中學習會計概念的，但這一學習過程本身發生在學習者特定的文化環境之中。對符號解釋的主觀性，致使對由指派產生術語的含義解釋極易受到使用者文化價值觀的影響。

Phillips 和 Wright（1977）認為文化會影響概率評估的認知過程。他們假設：與擁有宿命論世界觀的中國人相比，擁有或然論世界觀的英國人能夠更好地區分不確定性的程度；與中國人相比，對概率進行數量評估對英國人更有意義。他們的實驗結果支持其研究假設。Chevalier（1977）研究發現，兩個不同文化群體的被試對幾種會計信息重要性的知覺存在顯著的差異。Bagranoff 等（1994）使用 Osgood 等（1957）的語義差別量表，研究了一家會計師事務所的美國和澳大利亞會計人員對「非經常性項目」這一術語內涵意義的解釋是否存在差異。研究發現，美國和澳大利亞會計人員對「非經常性項目」這一術語解釋的認知結構存在顯著差別。因此，儘管來自不同文化群體的會計人員由於受到相似的會計職業教育，會計概念和原則的字面意義對他們可能是相同的，但文化價值觀的不同使他們對這些會計概念的內涵意義的認知存在差異。

由於「資產」是財務報表中最重要的要素，且其含義是通過與其他符號的關聯指派產生的，本書選取了這一概念來闡述文化價值觀對會計概念解釋的影響。

在編製財務報表的過程中，會計人員要根據交易或事項的經濟特性對其進行分類。國際會計準則理事會發布的《財務報告概念框架》第 4.2 段指出：「財務報表反應交易和其他事項的財務影響，要根據交易和其他事項的經濟特性，把它們分成大類。這些大類稱作財務報表要素。與資產負債表內財務狀況

的計量直接聯繫的要素是資產、負債和權益。與收益表內業績的計量直接聯繫的要素是收益和費用。」（《國際財務報告準則2015》）

在國際會計準則理事會發布的《財務報告概念框架》中，資產是最重要的要素，所有其他要素的定義均與資產的定義有關。負債在本質上是以負資產的方式定義的，權益則是以資產減去負債的方式定義的，收益和費用都是以權益（淨資產）變化的方式定義的。葛家澍（2005）指出：「資產不僅是企業賴以生存和發展的物質基礎，而且只有通過資產，才會衍生出費用（資產流出企業）、收入（資產流入企業）、負債（雖然它同時能增加資產比如現金，但必須有一定比例的資產作為擔保）等會計要素並且成為資本增加的主要來源（在資本本身變動如業主投資、派給業主款之外，期末淨資產大於期初淨資產才意味著企業價值的淨值，達到經營的目的）。」（葛家澍，2005）因此，資產是編製財務報表時最重要的概念。

「資產」是由指派產生的術語（Osgood等，1957），其含義依賴於其他符號。資產的含義與「經濟利益」「控制」這樣的術語有關。由於對與資產概念相關符號的解釋存在主觀性，財務報表的使用者對資產含義的理解也存在著較大的分歧。前美國證券交易委員會首席會計師Schuetze於1993在名為「什麼是資產」的演講中指出：「我是因為有關財務會計和財務報告的基本概念缺乏一致性才參加會議的。那些概念性問題中的一個就是資產的定義。顯而易見，解決美國的會計問題的一個主要路障就是缺乏資產的一致定義。在國際準則制定過程中這一問題也將同樣存在。」（Schuetze，1993）

Houghton（1998）研究發現，銀行家與會計師對資產概念隱含意義的解釋並不相同。儘管銀行家不像會計師那樣富有經驗，但是他們具備與會計師類似的知識。Houghton（1998）的研究結論提供了缺乏資產一致定義的證據。

為了研究不同文化群體的會計人員對資產概念的解釋是否存在差異，本書從文獻中梳理出以下三個「資產」概念中易產生解釋差異的屬性及其與文化價值觀的理論關係：

（1）中國的企業會計準則認為「資產」是「企業過去的交易或者事項形成的」。過去的交易或事項充其量只是提供了一項資產可能存在的信號以及這項資產特徵的線索，而未觀察到過去的交易或事項並不能證明一項資產不存在。相反，一項交易或事項的發生並不意味著資產由此產生。例如，支出可能會導致一項費用產生，而不是資產。這一基於交易觀的定義，排除了對企業內部形成的無形資產（如品牌的創建）的確認。Tollington（1998）建議，資產不僅應當包括交易或事項形成的資產，還應包括特定情況形成的資產。具有

「遵循公認會計慣例」和「穩健性、謹慎性」動機價值觀的會計人員更可能贊同基於交易觀的資產定義。

（2）企業會計準則認為「資產」是「預期會給企業帶來經濟利益的資源」。中國企業會計準則並沒有明確給出「資源」的定義。國際會計準則理事會發布的《財務報告概念框架》雖然在第 OB12 段指出「通用目的財務報告提供主體的財務狀況及其變動信息，也就是關於主體的經濟資源和針對報告主體的求償權的信息」（《國際財務報告準則2015》），但僅僅提及了經濟資源這一概念，並未做明確定義。

資源包括自然資源和社會資源。在企業經營活動中起著重要作用的人力資源和企業家才能，與物質資源一起為企業獲取未來經濟利益。但人力資源和企業家才能在現行實務中並沒有作為資產包含在財務報表中。在現行的會計實務中，還存在著把商譽的購買成本作為資產，把發明的成本作為資產，把石油、天然氣的勘探成本作為資產等將資產等同於成本的做法。這些形成資產的成本通常與資產帶來的未來經濟利益沒有直接的關係。例如，成功的研究和開發帶來的未來經濟利益和它付的代價很少或者說沒有關係。具有「遵循公認會計慣例」動機價值觀的參與人，更可能遵循配比原則，從而更願意將已支出的成本作為資產處理。

但是，過於抽象的資產定義無法排除將成本定義為資產的情況。Schuetze（1993）認為複雜和抽象的規則更有利於會計人員而不是公眾。具有自我超越動機價值觀的會計人員可能願意接受較為簡單的會計規則，如願意接受「經濟資源應當是真實存在的事物」這樣的定義；具有自主動機價值觀的會計人員可能更願意接受複雜的會計規則，以給自己實施職業判斷留下足夠的空間。

（3）企業會計準則認為「資產」是「由企業擁有或控制的」。國際會計準則理事會發布的《財務報告概念框架》第 4.4 段指出：「資產是指過去事項由主體控制的、預期會導致未來經濟利益流入主體的資源。」（《國際財務報告準則2015》）這一定義明確指出企業控制的是資源。但《財務報告概念框架》第 4.12 段又指出，「……以根據租約持有的不動產為例，如果主體控制了預期從不動產產生的利益，財該項不動產就是一項資產。儘管主體控制利益的能力通常是來自法定權利，但是，即使是在沒有取得法定控制權的情況下，一個項目也可能符合資產的定義。例如，從開發活動中取得的技術訣竅，在主體通過保守秘密控制其預期帶來的利益時就可能符合資產的定義」。（《國際財務報告準則2015》）這一段話意味著控制與從資源中獲取的經濟利益有關。因此，會計準則概念框架並沒有明確指出「控制」是指對「經濟資源」還是指對

「未來經濟利益」的控制。

　　Booth（2003）認為，「主體在報告日能夠控制的利益僅僅是當前的經濟利益。在報告日，與控制權等值的經濟利益，加上在未來使用控制權時產生的潛在增量經濟利益，就是該項控制權能夠產生的未來經濟利益。在未來使用控制權時產生的增量經濟利益不可能通過在報告日持有控制權獲取。增量經濟利益要通過報告日後的生產、市場行銷和行政管理等活動產生。在報告日很難理解主體如何控制潛在的增量經濟利益。主體能夠在報告日控制當前經濟利益，而無法控制可能的未來經濟利益」。（Booth，2003）

　　因此，對權利或資源的控制並不必然會對權利或資源未來使用產生的經濟利益形成控制。例如，在資產負債表日能夠控制一臺機器設備，但由此機器設備產生的收入並不必然能由企業控制。這是因為，企業並不能夠控制未來的經濟和市場狀況。具有「統一性、穩健性、謹慎性和完整性」動機價值觀的會計人員更可能贊同控制應當基於現在，而不是存在於未來。

　　據此，本書提出如下研究假說：

　　H1：具有不同文化價值觀的會計人員對會計概念的解釋是不同的。

第三節　文化價值觀與會計人員的職業判斷

　　Schwartz（1992）認為基礎價值觀的行為表現依賴於特定的情況。因此，為了檢驗文化價值觀對會計人員職業判斷行為的影響，本書需要找出會計活動中人的因素與技術因素交互作用可以觀察到的情境。本節選取編製對外財務報告中的決策有用性判斷和或有負債的確認與計量判斷這兩個情境，對文化價值觀對會計職業判斷的影響進行理論分析並提出研究假說。

一、文化價值觀與決策有用性判斷

　　會計人員在編製財務報告時，對觀察到的交易和事項進行解釋和評價，並將信息傳遞給使用者。國際會計準則理事會發布的《財務報告概念框架》在描述編製財務會計報告目標時採用了決策有用觀。《財務報告概念框架》第OB2段指出：「通用財務報告的目標是提供關於報告主體的、有助於現有和潛在的投資者、貸款人及其他債權人做出關於向主體提供資源的決策的財務信息。」（《國際財務報告準則2015》）中國企業會計準則對這一問題也持相同觀點。中國《企業會計準則——基本準則》第四條指出，財務會計報告的目

標是向財務會計報告使用者提供與企業財務狀況、經營成果和現金流量等有關的會計信息，反應企業管理層受託責任履行情況，有助於財務會計報告使用者做出經濟決策。

國際會計準則理事會發布的《財務報告概念框架》採用決策有用觀是建立在財務報告提供的信息應當有助於使用者進行經濟決策的需要這一假定之上的。Baydoun 和 Willett（1995）認為財務報告包含的信息是否對使用者有用的主觀判斷是與文化相關的。因此，本書研究的是當會計人員在對外編製財務報告時，在判斷會計信息是否對使用者有用這一情境下，會計人員的文化價值觀與職業判斷之間的關係。

中國《企業會計準則——基本準則》將相關性和可靠性作為判斷會計信息對使用者是否有用的基本標準[1]。這些會計信息質量特徵是會計人員對企業交易和事項進行會計處理時進行決策和判斷的標準，滿足這些信息質量特徵的會計信息才是對使用者有用的。會計人員在確定交易和事項如何在財務報表中計量和披露時，需要運用這些信息質量標準。

中國《企業會計準則——基本準則》第十二條認為，可靠性是指「企業應當以實際發生的交易或事項為依據進行會計確認、計量和報告，如實反應符合確認和計量要求的各項會計要素和其他相關信息，保證會計信息真實可靠，內容完整」。按照這個定義，可靠性具有四個特徵：①立足於實際的交易或事項；②如實反應；③真實性；④完整性。國際會計準則理事會發布的《編製財務報表的框架》第 31 段指出「信息要有用，還必須可靠。當其沒有重要的差錯或偏向，並能如實反應其所擬反應或理當反應的情況而能供使用者做依據時，信息就具備了可靠性」，並認為可靠性有 5 個具體組成質量：①如實反應；②實質重於形式；③中立性；④一定程度的謹慎性（以不影響中立性為前提）；⑤完整性。可以看出，中國《企業會計準則——基本準則》強調可靠性應立足於實際的交易或事項，但國際會計準則理事會並不強調這一點。國際會計準則理事會還強調了中立性的重要性，在《編製財務報表的框架》第 36 段指出，「財務報表中包含的信息要可靠，就必須是中立的，也就是不帶偏向的」。

---

[1] 國際會計準則理事會於 2010 年 9 月發布的《財務報告概念框架》則將相關性和忠實表達作為判斷會計信息是否有用的基本標準。《財務報告概念框架》第 OC4 段指出：「有用的財務信息必須具有相關性並且忠實表達其旨在反應的內容。」（《國際財務報告準則 2015》）中國《企業會計準則——基本準則》中確定的會計信息質量特徵與國際會計準則理事會於 1989 年 4 月批准的《編製財務報表的框架》基本一致。

中國《企業會計準則——基本準則》第十三條把相關性描述為與財務會計報告使用者的經濟決策需要相關，應有助於財務會計報告使用者對過去、現在或者未來的情況做出評價或者預測。也就是說，相關性是指信息應能對過去、現在和未來的事項起預測作用和確認作用。國際會計準則理事會發布的《編製財務報表的框架》第 26 段指出，「信息要成為有用的，就必須與使用者的決策需要相關。當信息通過幫助使用者評估過去、現在或未來事項或者通過確證或糾正使用者過去的評價而影響到使用者的經濟決策時，信息就具有相關性」。可見，國際會計準則理事會與中國企業會計基本準則對相關性的定義基本是相同的。

美國財務會計準則委員會（FASB）在第二號財務會計概念公告（SFAC. No. 2）中指出，會計信息要於決策有用需要具備兩種主要的質量：相關性和可靠性。在某些情況下，會計人員選擇的結果提供了既相關又可靠的會計信息，如以公允價值計量上市公司的投資。但有時會計信息不可能同時滿足相關性和可靠性的標準，關注信息的相關性可能會降低可靠性，而高度可靠的信息又可能並不相關。Sterling（1967）認為，一個金額可能可以驗證但不相關，因而是完全無用的。另外，對一個金額相關但無法驗證時，對其猜測可能較為有用。如果這個猜測是錯誤的，可能導致錯誤的決策……不同決策要求不同程度的準確性和對錯誤不同程度的容忍……由於計量是可重複的，可驗證性使我們對金額的準確性有更大程度的確信，它使故意的錯誤表述更為困難。因此，可驗證性是更令人滿意的，但相關性是不可缺少的。

會計人員在加工會計信息時要滿足相關性和可靠性這兩種標準，因此常常需要在二者之間進行權衡。《編製財務報表的框架》第 45 段指出：「在實務中，常常需要在各質量特徵之間權衡或取捨。其目的一般是為了達到質量特徵之間的適當平衡，以便滿足財務報表的目標。質量特徵在不同情況下的相對重要性屬職業判斷問題。」FASB 在《財務會計概念公告》第二號第 42 段指出：「雖然財務信息要有用，必須既相關又可靠，但信息所具有的這兩種特徵，可能有程度之分。有可能削弱一些相關性，以換取更強的可靠性，或者反之。但不能聽任其中之一消失得無影無蹤。信息所具有的其它特徵，如表上所示，也可能有不同程度之分。在其他特徵之間平衡得失可能也是必要的或有益的。」

國際會計準則理事會和 FASB 均提及要在會計信息的相關性、可靠性以及其它質量特徵之間進行權衡或取捨。除了相關性和可靠性之外，中國企業會計準則——基本準則認為會計信息還應當具備可理解性、可比性、實質重於形式、重要性、謹慎性和及時性等質量特徵。

會計人員對構成有用會計信息的信息質量特徵相對重要程度的判斷，如對相關性和可靠性重要程度的判斷，將會影響其在編製財務報告時使用的會計政策和方法。例如：美國財務會計準則委員會（FASB）在第五號財務會計概念公告（SFAC. No. 5）第 63 段指出：確認一個項目和有關的信息，應符合定義、可計量性、相關性和可靠性這四個基本的確認標準。FASB 在第五號財務會計概念公告第 65 段指出：可計量性必須與相關性和可靠性合併起來考慮。會計人員的這種判斷會受到其心理過程和認知能力的影響。會計人員心理過程和認知能力則受到其文化價值觀的影響。因此，會計人員在編製財務報告時，對有用會計信息不同質量特徵權衡的職業判斷為本書研究文化價值觀如何影響會計報告實務提供了一個有用的情境。

　　本書在對一項資產用當前市場價格進行計量的情景下，考察會計人員對相關性和可靠性的權衡和取捨。對資產以當前市場價格來計量對使用者的決策較為相關，但是當前市場價格可能不能可靠地確定。因此，會計人員必須對運用市場價格計量資產時放棄的可靠性是否足以彌補獲得的相關性做出判斷。Bagranoff 等（1994）研究發現，具有不同文化價值觀的會計人員對會計概念的感知和理解是不同的，這種差異影響了決策的結果。追求傳統、安全等保守價值觀的會計人員可能更傾向於強調可靠計量的重要性，而追求刺激、自主等開放價值觀的會計人員可能更傾向於放棄部分可靠性來獲取更為相關但波動較大的市場信息。

　　據此，本書提出如下研究假說：

　　H2：具有不同文化價值觀的會計人員在編製對外財務報告時，其關於會計信息決策有用性的判斷是不同的。

二、文化價值觀與或有負債的確認與計量

（一）不確定性、會計穩健性與職業判斷

　　隨著經濟的發展，企業面臨的競爭和風險加劇，會計所處環境的不確定性逐漸增強。美國財務會計準則委員會在其第一號財務會計概念公告（SFAC. No. 1）第 37 段指出：「財務報告應當提供有助於現在和潛在的投資人、債權人以及其他使用者評估來自股利或利息以及來自銷售、償付到期證券或貸款等實得收入的預期現金收入的金額、時間及不確定性的信息。」可見，美國財務會計準則委員會是把提供不確定性的信息作為會計的目標的。因此，在充斥著不確定性的世界裡，會計信息系統必須以確定的數字來反應不確定的外部世界。此時，穩健主義成為會計人員面對不確定外部世界的一種自然反應。美國財務會計準則

委員會在其第二號財務會計概念公告中引用了會計原則委員會第四號公告裡的話:「各種資產和負債常常是在非常不肯定的情況下予以計量的,經理、投資者和會計人員,長期以來對計量上的可能誤差,寧願少計資產和收益,而不願多計。這就導致了穩健主義的原則。」（SFAC No. 2 Par. 91）在財務會計和報告領域裡,像穩健主義——意為審慎——這樣的慣例是有其地位的,因為企業和經濟活動在充斥著不肯定因素的環境中進行（SFAC No. 2 Par. 92）。

中國《企業會計準則——基本準則》第十八條將謹慎性作為會計信息質量特徵之一,並將謹慎性描述為:「企業對交易或者事項進行會計確認、計量和報告應當保持謹慎,不應高估資產或者收益、低估負債或者費用。」國際會計準則理事會在《編製財務報表的框架》中,將謹慎性原則作為可靠性的一個二級質量特徵[1],並在第 37 段指出:「財務報表的編製者必須考慮到許多事項和情況下必然會有的不確定因素。例如有疑問的應收帳款的可收回程度、廠場和設備大概的使用年限、可能發生保修要求的次數。這類不確定因素是通過披露其性質和程度,以及通過在編製財務報表時實行謹慎性原則來確認的。謹慎是指在有不確定因素的情況下做出所要求的估計時,在判斷的過程中要謹慎,以便不虛計資產或收益,也不少計負債或費用。然而,謹慎性原則的運用並不允許諸如設立秘密儲備和超額準備、故意低估資產或收益、故意高估負債或費用等,因為那樣編製的財務報表不可能是中立的,從而也就不具有可靠性。」

從這段表述可以看出國際會計準則理事會對謹慎性原則的觀點是：在面對不確定性時,財務報表編製者應當將謹慎性原則包含在其實施的職業判斷中。而這一點在會計準則中則表現為要求會計人員對特定概率進行判斷或進行會計估計判斷。例如,中國企業會計準則中存在使用不確定性的表達（uncertainty expressions）作為確認、計量和披露標準的情形。中國《企業會計準則第 14 號——收入規定》確認銷售商品收入的條件之一是：相關的經濟利益「很可能」流入企業;中國《企業會計準則第 13 號——或有事項》規定確認預計負債的條件之一是：履行該義務「很可能」導致經濟利益流出企業。這兩項準則均使用了概率詞語作為會計要素確認的門檻。在應用這些準則時,會計人員必須評估一個未來事項發生的概率,並對這一概率是否滿足準則確定的門檻標準進行判斷。這一判斷依賴於會計人員對與「很可能」這樣的概率詞語相聯

---

[1] 國際會計準則理事會於 2010 年 9 月發布的《財務報告概念框架》不再將謹慎性原則作為有用會計信息的質量特徵。但中國於 2014 年修訂《企業會計準則——基本準則》時仍然將謹慎性原則作為會計信息質量特徵之一。

繫的概率水準的解釋。

國際財務報告準則也使用概率詞語為某些項目的恰當會計處理提供指導。例如，國際會計準則第37號——準備、或有負債和或有資產第IN21段指出：「主體不應確認或有資產。如果很可能導致經濟利益流入主體，則或有資產應予以披露。」使用國際財務報告準則的目的是增強各國之間財務報告的可比性。使用一套通用的會計準則僅僅是財務報告跨國可比性的必要而非充分條件。這一套通用會計準則在各國之間解釋和運用的一致性對於財務報告的跨國可比性也極為重要。

(二) 文化價值觀、謹慎性與或有負債的確認與計量

中國企業會計準則和國際財務報告準則中均包含著指導會計實務中職業判斷的廣泛原則和不確定性的表達。不確定詞語（如「很可能」「重大影響」）在財務報告中經常用來確定交易和事項的確認、計量和披露的概率水準（Laswad & Mak，1997）。在運用以概率詞語作為確認和披露門檻的會計準則時，需要大量的判斷（Doupnik 和 Riccio，2006）。

心理學的許多文獻研究了語言概率表達和數字概率表達之間的關係（例如：Simpson，1963；Lichtenstein & Newman，1967；Beyth-Marom，1982；Budescu & Wallsten，1985；Wallstem 等，1986；Brun & Teigen，1988；Reagan 等，1989；Clarke 等，1992；Windschitl & Wells，1996；Teigen & Brun，1999）。這些文獻主要研究了三個問題：轉化問題（translation issue）、語義問題（semantic issue）和實用主義問題。

轉化問題研究的是語言短語如何轉化為數字。現有文獻對超過280個不同的語言概率表達進行了研究（Reagan 等，1989）。其主要的研究方法是：為參與人提供一個語言概率表達的列表，並要求參與人對每一個概率表達提供對應的以百分比表示的數字概率。研究結果一致表明：轉化的數字在參與人之間存在顯著的差異（Budescu & Wallsten，1985）。

語義問題指語言概率表達除了指某一概率量度之外，其本身固有的意義。例如，Teigen 和 Brun（1999）研究發現：語言概率以積極方式呈現（例如：一個機會）或以消極方式呈現（例如：有點拿不準）會影響以這些概率表達為基礎的決策。語言概率表達注意的焦點似乎傳遞了單一數字概率無法捕捉的信息。

實用主義問題研究的是語言概率表達的使用，儘管對語言概率表達的解釋存在顯著的個體差異。相對於數字概率的使用而言，語言概率的使用對於決策任務並不重要（Budescu & Wallsten，1990）。一些研究表明，個體願意以數字

概率的形式接收信息，同時願意以語言概率的形式提供信息（Erev & Cohen，1990）。文化價值觀會影響會計人員對世界的假定，從而會影響其對語言概論表達的解釋。

Windschitl 和 Wells（1996）認為，語言概率表達與直覺思維是一致的，而與隱含在數字概率使用中的以規則為基礎的、深思熟慮的推理是不一致的。他們的研究發現：與數字表達相比，語言表達更容易受到情境和框架效應的影響，這與他們的觀點是一致的。

現有研究還發現，將概率表達置於具體的情境中時，情景信息會影響人們對概念表達的解釋。例如，Wallstem 等（1986）研究發現，與描述十月份下雪的概率相比，「很可能（probable）」這個詞彙在描述十二月份下雪的概率時被賦予了較高的數字概率值；Brun 和 Teigen（1988）研究發現，與概率術語孤立出現相比，對嵌入具體情境概率術語的解釋會產生更大的模糊性。Weber 和 Hilton（1990）通過研究醫療情境發現：感知重病發生的可能性和病情的嚴重程度會影響參與人對概率詞彙的解釋。此外，當概率表達代表較高而不是較低概率時，情境對概率解釋的影響更大。

Fox 和 Irwin（1998）建立了一個理解情境如何影響語言概率表達解釋的框架。他們認為，傾聽者或閱讀人對語言概率的解釋受到其對世界的假定（世界觀）和他們所屬文化的影響。

心理學研究中也有少數文獻研究了文化對概率表達解釋的影響。Phillips 和 Wright（1977）認為文化會影響認知過程，英國人和中國人世界觀的差異會影響他們對概率的評估。Clark 等（1992）使用澳大利亞人作為參與人，重複了 Lichtenstein 和 Newman（1967）以美國人作為參與人的研究。他們要求參與人對 26 個語言概率表達賦予數值概率。研究發現了與早期以美國人作為參與人不同的研究結論。澳大利亞參與人具有規避賦予極端概率數值的傾向，但是研究者並沒有對此結論提供進一步的解釋。

除了上述心理學的研究之外，現有的會計研究也表明，職業會計師運用會計準則中有關不確定性的概念時，解釋和運用概念的方式並不一致（Schultz & Reckers, 1981; Jiambalvo & Wilner, 1985; Harrison & Tomansini, 1989; Reimers, 1992; Amer 等, 1994）。

美國財務會計準則會發布的第 5 號財務會計準則（SFAS5）使用不確定性表達對或有事項如何確認和披露進行了規定。Schultz 和 Reckers（1981）研究發現，審計師對 SFAS5 中不確定性表達的解釋受到潛在損失重要性的影響，並且當個體組成一組對披露事項進行處理時，參與人回應的差異縮小了。

Jiambalvo 和 Wilner（1985）的研究發現，在確定「很小可能」（remote）、「合理可能」（reasonably possible）和「很可能」（probable）這些詞彙的概率區間時，參與人之間存在重大差異。他們隨後的分析表明，這種差異並不是參與人缺乏表達概率的能力，而是由於參與人對這些概率詞彙進行了不同的解釋。與 Schultz 和 Reckers（1981）不同的是，他們沒有發現損失的重要性影響披露決策的證據。Harrison 和 Tomansini（1989）研究了審計師在面對不同種類的或有事項時，其對「很小可能」（remote）「合理可能」（reasonably possible）和「很可能」（probable）這些概率門檻值的解釋。他們的研究發現，儘管參與人對「很小可能」和「合理可能」之間的概率門檻值缺乏一致的認識，但總的來說，審計師在面對不同的或有事項時，其概率門檻值的確定並不存在差異。

Chesley（1986）以會計專業的學生為參與人進行了兩項實驗。他要求學生回答與不確定性表達解釋相關的問題。研究結果表明，對於大部分不確定性概率表達的解釋存在著較低程度的一致性，這與心理學文獻的研究結果是一致的。

Reimers（1992）研究了審計師、工程管理者、市場行銷管理者和研究生對 30 個不確定性表達的解釋是否一致。研究發現，在 0 到 100% 的概率區間，參與人將「很小可能」的上界確定為 15%，而將「合理可能」的下界確定為 48%，二者之間存在巨大的差距。Davidson（1989）以執業會計師和會計專業的學生為參與人進行研究，也發現了相似的結論。他認為，「合理可能」與「很可能」在感知上較為接近，應當用「有時」（sometimes）取代「合理可能」。「有時」（sometimes）這一詞彙可能更能表達接近「很小可能」與「很可能」二者中點的概率水準。

Amer 等（1994）要求審計經理們提供在具體審計情境中的 23 個不確定性表達對應的概率數值。研究發現，在對不確定性表達進行概率賦值時，參與人之間的差異隨著由表達較低概率的詞彙向表達較高概率詞彙的移動而遞減。

上述研究表明，會計人員對不確定性表達解釋的差異，會影響其確認和披露的決策。跨文化研究也發現在對不確定性表達賦予數值概率時，文化會影響會計人員所賦予的概率數值（Doupnik & Richter, 2004；Doupnik & Riccio, 2006）。

Doupnik 和 Richter（2004）研究了國家文化是否影響處於具體情境中不確定性表達的解釋。他們提出了如下假設：穩健性會計價值觀和概率表達所處的具體情境會影響會計人員對概率表達的解釋。以美國和德國會計人員為參與人，他們的研究發現這兩組參與人在解釋某些語言概率表達時存在顯著的差

異。他們的研究表明，在多數情況下德國會計人員更加穩健。例如，在不同的會計情境中，德國會計人員對「很可能」（probable）這一詞彙的解釋都更為穩健。Doupnik 和 Richter（2004）的研究結果表明，文化這一因素以系統和可預測的方式影響著會計準則中不確定性表達的解釋。

Doupnik 和 Riccio（2006）擴展了 Doupnik 和 Richter（2004）的研究，提出了如下假設：與低穩健性和低保密性國家中執業的會計人員相比，在高穩健性和高保密性國家中執業的會計人員更可能對信息披露概率門檻值賦予更高的概率數值。他們的研究結果部分支持了穩健性研究假說：研究結果支持他們關於增加收益項目確認的穩健性假說，但不支持他們關於收益減少項目的穩健性假說。但是，研究結果強烈支持關於保密和披露的研究假說。Doupnik 和 Riccio（2006）的研究結果提供了一套通用會計準則無法在跨文化區域一致運用的證據。

Chand、Cummings 和 Patel（2012）研究了文化是否會影響會計專業學生對國際財務報告準則中作為確認和披露門檻的不確定性表達的解釋和應用。從不確定性規避、個人主義、權力距離、陽剛和長期導向這些文化價值觀維度獲取的研究結果表明，國家文化對處於具體情境中的不確定性表達有顯著的影響。Hu、Chand 和 Evans（2013）的研究也發現，在對包含在國際財務報告準則中的不確定性表達賦予概率數值時，中國會計專業的學生比澳大利亞會計專業的學生更為穩健。

上述對處於具體情境中的不確定性表達影響的研究都使用了 Hofstede（1980）的文化價值觀維度。Schwartz 的個人價值觀問卷可能更適宜推廣到會計領域（Doupnik & Tsakumis, 2004），因此本書採用了 Schwartz 的個人價值觀問卷 Portrait Values Questionnaire（PVQ）來度量文化價值觀，並使用了這一度量文化的工具來研究「文化是如何影響著會計人員對不確定性表達的解釋」這一問題。

文化價值觀影響著會計人員的思維過程和認知能力。會計人員是在會計知識框架和其自身特有的文化傳統中學習和掌握會計概念和會計原則的。因此，追求傳統、安全等保守價值觀的會計人員與追求刺激、自主等開放價值觀的會計人員對謹慎性原則的理解並不相同，這種理解上的差異可能導致其在解釋不確定性表達時產生重大差異。

不確定性表達在會計準則上常常用來作為資產、負債、收入、費用等會計要素確認的門檻。中國《企業會計準則13號——或有事項》就是否應當確認或披露一項或有負債進行職業判斷，本書根據《企業會計準則13號——或有

事項》設計了會計確認決策任務，以檢驗文化價值觀和會計確認決策行為之間的關係。

本章第二節的分析指出，會計人員的價值觀會從他們的態度和行為中表現出來。這些價值觀通過影響會計人員的認知能力和心理過程使其產生不同的心理反應，即來自不同文化群體的會計人員觀察、解釋和評價交易和事項的方式並不相同。與追求刺激、自主等開放價值觀的會計人員相比，追求傳統、安全等保守價值觀的會計人員對於具體情境中的不確定性表達的解釋可能更為謹慎，因而更可能確認負債。據此，本書提出如下假設：

H3：具有不同文化價值觀的會計人員對於謹慎性原則的解釋是不同的。

H4：具有不同文化價值觀的會計人員在編製對外財務報告時，確認或有負債可能性是不同的。

如果會計人員已經決定要在財務報表中確認一項或有負債，那麼會計人員文化價值觀和對謹慎性原則理解的差異會影響或有負債的計量結果產生重大影響。與追求刺激、自主等開放價值觀的會計人員相比，追求傳統和安全等保守價值觀的會計人員對或有負債的計量可能更為保守。據此，本書提出如下假設：

H5：具有不同文化價值觀的會計人員在編製對外財務報告時，在決定確認一項或有負債時，或有負債計量金額的大小是不同的。

三、文化價值觀、會計概念解釋與會計職業判斷

會計人員的確認和計量行為是在一些基本會計概念的指引下完成的。這些會計概念解釋了企業應當如何確認、計量和報告財務要素和事項。這些會計概念包括會計要素、會計信息質量特徵、會計的基本假設、會計的原則等。例如，美國財務會計準則委員會（FASB）在第五號財務會計概念公告（SFAC. No. 5）第 63 段指出：確認一個項目和有關的信息，應符合定義、可計量性、相關性和可靠性這四個基本的確認標準。凡符合四個標準的，均應在效益大於成本以及重要性這兩個前提下予以確認。如果會計人員對這些會計概念的解釋不同，那麼其在確認和計量時做出的職業判斷行為也會不同。

如果文化價值觀會影響會計人員的認知能力和心理過程，那麼文化價值觀的不同也會使他們在認知這些會計概念的內涵意義時出現差異。會計概念解釋的差異將使會計人員在確認和計量等職業判斷中出現差異。

據此，本書提出如下假設：

H6：如果文化價值觀的差異引起會計概念解釋的差異，那麼會計概念解釋的不同，也會使會計職業判斷行為產生不同。

第五章 研究方法

本書研究的是文化價值觀是通過何種仲介變量影響會計人員應用會計準則行為的。第四章通過理論分析提出了本書的研究假說。本章論述檢驗這些研究假說的研究方法。為了獲取會計人員的文化價值觀、對會計概念的解釋以及職業判斷行為的數據，本書採用了問卷調查的研究方法。對於與自我呈報信念和行為相關的研究問題，問卷調查方法是恰當的（Neuman，2000）。本章從設計和程序、研究變量、調查問卷設計和問卷預測試和發放四個方面闡述了使用的研究方法。

一、設計和程序

本書使用4×4被試者間設計（between-subjects design）來檢驗研究假設，四個民族（漢族、維吾爾族、回族和哈薩克族）的文化價值觀作為自變量，參與人對會計概念的解釋及其職業判斷行為作為因變量。為了保證實驗參與人具備進行可靠會計職業判斷所需要的經驗和技能，本書從新疆維吾爾自治區烏魯木齊、阿克蘇、昌吉、塔城和伊犁地區具有3年以上經驗的會計人員中選取了實驗參與人。由於所有參與人來自各種企業並且經驗豐富，因此這些會計人員是財務報告決策任務合格的參與人。每個參與人都收到包含實驗材料的研究工具。

為了檢驗文化價值觀與會計人員對會計概念解釋之間的關係，實驗材料為參與人提供了有關資產屬性的描述。實驗材料要求參與人在不考慮會計書籍和文獻對資產描述的情況下，表達對這些描述同意或不同意的程度。參與人對這些描述同意或不同意的程度，可以用來檢驗研究假說1。

為了檢驗文化價值觀與會計人員決策有用性判斷之間的關係，實驗材料為參與人提供了一個生物資產用公允價值計量的情景案例。實驗材料要求參與者假設他們自己是一家從事橡膠樹種植的虛構公司的會計人員，並在編製財務報表時決定以公允價值計量的生物資產提供的會計信息具有哪些質量特徵。參與

人對會計信息質量特徵的回答，可以用來檢驗研究假設 2。

為了檢驗文化價值觀與會計人員對會計原則解釋之間的關係，實驗材料為參與人提供了有關謹慎性原則的描述。實驗材料要求參與人根據自己的觀點，表達對這些描述同意或不同意的程度。參與人對這些描述同意或不同意的程度，可以用來檢驗研究假設 3。

為了檢驗文化價值觀與會計人員確認或有負債可能性和會計人員計量或有負債金額大小之間的關係，實驗材料為參與人提供了一個處理或有負債財務報告問題的情景案例。實驗材料要求參與者假設他們自己是一家涉及訴訟案件的虛構公司的會計人員，並在會計準則的指引下決定是否確認或有負債以及如果決定確認一項或有負債，判斷這項負債金額的大小。確認或有負債的可能性以及或有負債計量金額的大小，可以用來檢驗假設 4 和假設 5。

參與人對資產概念、謹慎性原則的解釋，以及其會計信息決策有用性判斷、或有負債確認和計量的判斷形成的數據，可以用來檢驗研究假設 6。

每一名參與人都完成了對資產概念相關解釋的判斷、對謹慎性原則相關解釋的判斷、決策有用性判斷的情景案例和或有負債確認和計量的情景案例。這實際上是一個被試者間設計，每個參與人可視為參加了四個實驗。

每個參與人還完成了 Schwartz 等（2001）的肖像價值觀問卷（PVQ）的問卷調查，這可以用來計算每個民族的文化價值觀指標。在設計調查問卷時，本書將調查會計人員動機價值觀的部分放在參與人完成對會計概念和原則的解釋以及職業判斷決策之後。這是為了確保當參與人在提供動機價值觀的回答時，他們已經處在了會計活動的環境之中。最後，參與者還要回答有關年齡等背景問題。

本書的數據處理使用 Stata12.01 軟件。

二、研究變量

（一）自變量

本書採用的是 Schwartz（2001）的肖像價值觀問卷（PVQ）來度量文化價值觀。

Schwartz（1992）提出了 10 種不同的動機價值觀類型。本書認為，這些動機價值觀類型與會計實務存在如下聯繫：

（1）自我定向。會計實務中的自我定向動機代表會計人員傾向於運用專業判斷而不是被法律法規所束縛的慾望，代表的是「獨立的職業判斷」會計動機價值觀。

（2）刺激。會計人員偏好刺激動機說明他們存在對風險熱衷的情況，代表的是「風險接受」會計動機價值觀。

（3）享樂主義。本書認為，這一動機類型在會計實務中沒有明顯的行為體現。

（4）成就。成就的動機目標反應的是會計人員在工作中維持高水準的專業能力和努力水準，代表的是「職業勝任能力」會計動機價值觀。

（5）權力。在會計實務中，權利動機反應的是會計人員希望自我監管，而不是受到政府管制的願望，代表的是「保持職業地位」會計動機價值觀。

（6）安全。在會計實務中，安全動機反應的是會計人員希望確定、穩定和完整的願望，代表的是「統一性、穩健性、謹慎性和完整性」會計動機價值觀。

（7）遵從。在會計實務中，遵從動機反應的是會計人員傾向於遵循組織和監管機構制定的規章制度，代表的是「遵循規章制度」會計動機價值觀。

（8）傳統。在會計實務中，傳統動機反應的是會計人員傾向於遵循公認的會計慣例和實務，代表的是「遵循公認會計慣例」會計動機價值觀。

（9）仁善。在會計實務中，仁善動機反應的是會計人員保護或增加所在組織或機構利益的需要，代表的是「保護組織利益」會計動機價值觀。

（10）普遍性。在會計實務中，普遍性代表的是「維護公眾利益」會計動機價值觀。

本書以上述9種會計動機價值觀作為研究假說1至5的自變量。

研究假說6的自變量則是會計人員對會計概念的解釋。

（二）應變量

研究假說1的應變量是會計人員對「資產」這一概念的解釋。會計人員對每條資產屬性描述同意或不同意的程度是用六點量表度量的。即，參與人要在「強烈同意」「同意」「有點同意」「有點不同意」「不同意」和「強烈反對」之中進行唯一性選擇。

研究假說2的應變量是會計人員對會計信息決策有用性的判斷。會計人員對每條會計信息質量描述同意或不同意的程度是用六點量表度量的。即，參與人要在「強烈同意」「同意」「有點同意」「有點不同意」「不同意」和「強烈反對」之中進行唯一性選擇。

研究假說3的應變量是會計人員對謹慎性原則的解釋。會計人員對每條謹慎性原則描述同意或不同意的程度是用六點量表度量的。即，參與人要在「強烈同意」「同意」「有點同意」「有點不同意」「不同意」和「強烈反對」

之中進行唯一性選擇。

研究假說 4 的應變量是會計人員確認或有負債的可能性。會計人員在財務報表中確認或不確認或有負債的這項決策，是用從 1（「絕對不會確認」）到 10（「肯定會確認」）的十級量度來度量的。

研究假說 5 的應變量是會計人員計量或有負債的金額。

研究假說 6 的應變量是會計人員對會計信息決策有用性的判斷和對或有負債確認和計量的判斷。

三、調查問卷設計

根據 Sekaran（1992），問卷數據可以通過個人訪談（personal interviews）和自填式問卷（self-administered questionaire）等方法進行收集。個人訪談可以使研究者在闡明問題方面有更大的靈活性，但個人訪談受到成本、時間和訪談地域限制的影響。而自填式問卷不會受到地域限制的影響，從而能夠調查到較為廣泛地理區域內的參與人。然而，自填式問卷的一個缺陷是：當調查問卷問題在理解上存在模糊性時，參與人不能向研究者表達其對調查問卷問題的理解。為了克服這一問題，研究者可以從總體中選擇有代表性的參與人對編製好的問卷進行預測試。

為了提高調查問卷的回復率，問卷的長度應保持在適當的水準。Neuman（2000）認為對於接受過較高程度教育的參與人，問卷長度在 10~15 頁是可以接受的。本書最終定稿的調查問卷長度是 6 頁，這對於接受過良好教育的會計人員來說是可以接受的。

本書的調查問卷共包括六個部分，共 77 個題項。調查問卷的設計和組織應避免使參與人感到困惑（Neuman，2000）。本書的調查問卷以關於資產屬性的問題開始，因為這些問題對會計人員來說較為重要和有趣。關於參與人背景的問題因不太重要而安排在調查問卷的最後。調查問卷的結構見表 5-1。

表 5-1　　　　　　　　　　調查問卷的結構

問卷結構	說明	題項數量
第一部分	資產概念的解釋	8
第二部分	會計信息決策有用性的職業判斷	12
第三部分	謹慎性原則的解釋	6
第四部分	或有負債確認與計量的職業判斷	2

表5-1(續)

問卷結構	說明	題項數量
第五部分	動機價值觀	40
第六部分	背景信息	9
合計		77

　　本書刻意安排了調查問卷中各部分的順序,從而能產生情境效應(context effect)。Whitley(2002)認為,情境效應是指在填寫問卷時完成一些變量的評分會影響對另一些變量的評分。本書把調查會計人員文化價值觀的問題安排在其完成了對會計概念和原則的解釋和相關職業判斷的問題之後。這樣,當會計人員在回答文化價值觀的相關問題時,就可以認為他們已經處於會計活動的情境之中了。

　　(一)資產概念的解釋

　　問卷的第一部分要求參與人考慮描述資產屬性的一系列陳述,並對是否同意這些陳述表達意見。問卷的這一部分是為了檢驗文化價值觀與會計人員對會計概念的解釋之間是否存在顯著的關係,並且對資產概念的解釋可用來檢驗文化價值觀是否是通過會計概念的解釋這一變量來影響職業判斷行為的。這些資產屬性是用8個陳述來測量的。資產屬性與進行測量的陳述之間的對應關係見表5-2。

表5-2　　　　　　　　　　資產的屬性

關鍵要素	第一部分的題項編號	資產屬性
過去的交易或者事項	4	必須是過去交易或事項的結果
	7	資產不一定是過去交易的結果,環境的變化也可能形成企業的資產
控制	3	控制針對的是未來能產生現金和現金等價物的東西
	5	控制針對的是一種可能的未來經濟利益
經濟資源	1	代表一種遞延支出
	2	是直接或者間接導致現金和現金等價物流入企業的服務潛力
	6	成本或支出代表資產
	8	是指未來可用於與現金或其他商品和服務進行交換的東西

中國《企業會計準則——基本準則》和國際會計準則理事會發布的《財務報告概念框架》均認為資產包括「經濟資源」「控制」和「過去的交易或事項」這三個基本要素。表 5-2 中對資產屬性的描述均圍繞著這三個基本要素展開。經濟資源屬性用 4 個問題描述，控制屬性用 2 個問題描述，過去的交易或事項用 2 個問題描述。每條資產屬性的描述均要求參與人採用六點量表示其同意或不同意的程度。即，參與人要在「強烈同意」「同意」「有點同意」「有點不同意」「不同意」和「強烈反對」之中進行唯一性選擇。為了確保參與人是根據其自己對資產是什麼的理解發表的意見，本書在問卷第一部分的導語中要求參與人在發表意見時不要考慮會計教材和文獻中對資產的定義。

(二) 會計信息決策有用性的職業判斷

問卷的第二部分要求參與人考慮描述會計信息質量的一系列陳述，並對是否同意這些陳述表達意見。問卷的這一部分是為了檢驗文化價值觀與會計人員決策有用性判斷之間是否存在顯著的關係，並且會計信息決策有用性判斷可用來檢驗文化價值觀是否是通過會計概念的解釋這一變量來影響職業判斷行為的。會計人員在確定交易和事項如何在財務報表中計量和披露時，需要考慮信息的相關性和可靠性。為了觀察會計人員對會計信息的相關性和可靠性的判斷過程，本書使用了情境案例。

Wason 等（2002）指出，包括了個人或社會情況簡短描述的情境能夠在接近真實生活的社會環境中檢驗參與人的決策。他們認為情境能夠將參與人的注意集中在共同的刺激上，這樣可以增強測量的可靠性以及內部和建構效度。

為了觀察會計人員的判斷過程，本書選擇了一個會計人員之間會產生意見分歧的情境案例。本書基於以下兩個原因選擇了《企業會計準則第 5 號——生物資產》的應用來構建決策有用性判斷的情景案例。第一個原因是：《企業會計準則第 5 號——生物資產》是較早允許使用公允價值進行資產計量的準則之一，對傳統歷史成本計量的背離需要會計人員對信息的決策有用性進行判斷；第二個原因是：這一準則涉及獨特的、具有自然生長特徵的生物資產的會計處理問題，而傳統的以交易為基礎的歷史成本會計無法很好地應對這一問題（Elad，2004）。

《企業會計準則第 5 號——生物資產》第二條指出，生物資產是指有生命的動物和植物；第二十二條指出，有確鑿證據表明生物資產的公允價值能夠持續可靠取得的，應當對生物資產採用公允價值計量。本書圍繞著以公允價值計量生物資產設計了決策有用性判斷的情景案例，見表 5-3。

表 5-3　　　　　　　　決策有用性判斷的情景案例

　　王明是一名在 ABC 有限公司中任職的有經驗的會計師。ABC 公司主要種植橡膠樹，並出售與橡膠樹相關的產品。公司在海南省擁有大面積種植區。ABC 有限公司是一個盈利公司，在過去的 5 年中，公司利潤呈穩步性增長。橡膠樹在會計處理時是作為生產性生物資產進行核算的。

　　《企業會計準則第 5 號——生物資產》規定：生物資產可以按歷史成本計量；當公允價值能夠持續可靠取得的，生物資產可以按公允價值計量。

　　當以歷史成本計量時，橡膠樹這種生物資產在財務報表中是以非流動資產進行列報，並以達到預定生產經營目的前的造林費等必要支出進行初始計量的；後續計量時，橡膠樹應當按期計提折舊，並根據用途計入當期損益。

　　王明認為歷史成本對於橡膠樹並不是一個適當的計量屬性，歷史成本並不能反應橡膠樹的自然成長。因此，它無法提供關於橡膠種植的有用信息。在公司當地存在橡膠樹交易成熟市場的情況下，王明認為公司的橡膠樹種植情況應該用橡膠樹的當期市場價值反應。另外，王明認為，橡膠樹的成長反應了管理層管理橡膠種植的能力，任何關於橡膠樹的市場價值的增加或是減少應當在發生時計入當期損益。

　　為了檢驗參與人對情景案例中生物資產會計處理的決策有用性判斷，本書要求參與人提供關於生物資產按照公允價值計量一系列陳述是否恰當的意見。為了測量參與人對會計信息質量的職業判斷，這些陳述是以會計信息質量特徵為標準設計的。會計信息質量特徵與進行測量的陳述之間的對應關係見表 5-4。

表 5-4　　　　會計信息質量特徵與測量陳述對應關係表

會計信息質量特徵	第二部分的題項編號	測量陳述
相關性（確證價值）	1	信息可以證實投資者過去對公司的瞭解
相關性（預測價值）	12	信息能幫助投資者預測公司的價值
可靠性（完整性）	2	信息對完整地瞭解公司的情況是必要的
可靠性（中立性）	3	信息不會使投資者的決策傾向於某一種預先確定的結果
可靠性（如實反應）	4	信息如實地反應了生物資產的實際情況
可靠性（真實性）	8	信息是可信賴的
可理解性	5	信息很容易被理解
實質重於形式	6	信息反應了公司的經濟實質，而不是單純為了符合準則的要求
謹慎性	7	信息在反應生物資產的情況時是謹慎的
重要性	9	信息對深入瞭解公司是必要的

表5-4(續)

會計信息質量特徵	第二部分的題項編號	測量陳述
及時性	10	信息提供一些關於公司的新的、及時的情況
可比性	11	信息能幫助評估公司業績的趨勢和在行業中的相對業績

每條陳述均要求參與人採用六點量表示其同意或不同意的程度。即參與人要在「強烈同意」「同意」「略微同意」「略微不同意」「不同意」和「強烈反對」之中進行唯一性選擇。

(三) 謹慎性原則的解釋

問卷的第三部分要求參與人考慮描述謹慎性原則的一系列陳述，並對是否同意這些陳述表達意見。問卷的這一部分是為了檢驗文化價值觀與會計人員對會計原則的解釋之間是否存在顯著的關係，並且對謹慎性原則的解釋可用來檢驗文化價值觀是否是通過會計概念的解釋這一變量來影響職業判斷行為的。謹慎性原則的屬性用6個陳述進行測量。謹慎性原則屬性與進行測量的陳述之間的對應關係見表5-5。

表5-5　　　　謹慎性原則屬性與測量陳述對應關係表

關鍵要素	第三部分的題項編號	謹慎性原則屬性
確認金額的大小	1	收入和利得總是應當以較高的金額而不是以較低的金額報告
	3	資產總是應當以較高的金額而不是以較低的金額報告
	5	費用和損失總是應當以較高的金額而不是以較低的金額報告
	6	負債總是應當以較高的金額而不是以較低的金額報告
確認時間的早晚	2	費用和損失總是應當較早而不是較晚報告
	4	收入和利得總是應當較早而不是較晚報告

美國會計學家亨德里克森認為，「穩健主義」這個詞一般用來表示這樣的意思，即會計師對於資產和收入具有幾種可能價值，應按其最低的價值來呈報，而對於負債和費用具有幾種可能價值，則應按其最高的價值來呈報。它還

意味著對於費用與其遲確認不如早確認,而對於收入則與其早確認不如遲確認(亨德里克森,2013)。可以看出,謹慎性原則包括「確認金額的大小」和「確認時間的早晚」這兩個基本要素。表 5-5 中對謹慎性原則屬性的描述均圍繞著這二個基本要素展開。每條謹慎性原則屬性的描述均要求參與人採用六點量表示其同意或不同意的程度。即,參與人要在「強烈同意」「同意」「略微同意」「略微不同意」「不同意」和「強烈反對」之中進行唯一性選擇。

(四)或有負債的確認和計量

調查問卷第四部分為參與人提供了一個處理或有負債財務報告問題的情景案例。情景案例要求參與者假設他們自己是一家涉及訴訟案件的虛構公司的會計人員,並在會計準則的指引下完成以下職業判斷決策:①是否確認或有負債;②如果決定確認一項或有負債,或有負債金額的計量。本書是以發生訴訟時如何進行或有負債的確認和計量作為兩個職業判斷的決策背景的,這兩個決策情景案例見表 5-6。

表 5-6　　　　　　　或有負債確認和計量的情景案例

> 2015 年 3 月,天源科技公司因涉嫌侵害一項專利權而被起訴。起訴方認為天源科技公司非法使用了該公司一項芯片製造專利權。現在,起訴方試圖通過訴訟方式從天源科技公司獲得賠償。
> 天源科技公司和起訴方都是聲譽良好的公司,這兩家公司都由訓練有素、勝任的職業經理人進行管理。此外,這兩家公司在過去的幾年中經營情況穩定,財務業績良好。
> 2015 年 11 月,天源科技公司的法律顧問稱,他們準備與原告律師協商賠償金額問題。法律顧問估計本公司將要支付的賠償金額大概在 400 萬元至 900 萬元,這筆賠償金對天源科技公司報表的編製是重要的。在 2015 年 12 月底開始編製財務報表時,兩家公司還未開始協商賠償事宜。

或有負債的確認和計量均以《企業會計準則 13 號——或有事項》作為參與人進行決策時應當遵循的會計準則,要求在案例情景中應用《企業會計準則 13 號——或有事項》做出財務報告決策。

《企業會計準則 13 號——或有事項》非常適用於本書研究目的的原因是:它是一個需要相當多職業判斷的會計準則。例如,為了應用《企業會計準則 13 號——或有事項》,會計人員必須評估一些概率性表述發生的可能性,並做出「什麼是恰當的會計處理」的決策。

本書在設計情景案例時,試圖控制除文化之外的其他因素可能對會計人員財務報告決策產生的影響。第一,情景案例材料中明確告訴參與人,財務會計的淨收益並不用來作為納稅的基礎,這樣可以控制潛在的稅務後果對財務報告決策的影響。第二,為了避免其他會計因素和風險因素對決策結果的影響,情

景案例材料明確告訴參與人，涉及訴訟的雙方公司都具有良好的管理，良好的財務狀況，長期穩定的良好的公司經營業績，以及所有的需要估計的金額都是重要的。

對是否確認或有負債情景案例的答復是用於檢驗文化價值觀與會計人員或有負債確認可能性之間是否存在顯著的關係。對或有負債計量情景案例的答復是用於檢驗文化價值觀與會計人員或有負債計量之間是否存在顯著的關係。同時，對或有負債確認和計量的判斷可用來檢驗文化價值觀是否是通過會計概念的解釋這一變量來影響職業判斷行為的。

（五）動機價值觀

問卷的第五部分用 Schwartz 等（2001）的肖像價值觀問卷（PVQ）測量會計人員的文化價值觀。PVQ 包括 40 個對人的目標、慾望和希望的簡短描述，這 40 個描述測量了 10 個動機價值觀類型。每一個描述都需要參與人回答「你與這個人相似的程度」，並使用六點量表。動機價值觀類型與肖像價值觀問卷各題項之間的關係見表 5-7。

表 5-7　動機價值觀類型與肖像價值觀問卷各題項之間的關係

價值觀類型	會計人員的動機價值觀	問卷題項編號
博愛	維護公眾利益	3、8、19、23、29、40
友善	保護組織利益	12、18、27、33
遵從	遵循規章制度	7、16、28、36
傳統	遵循公認會計慣例	9、20、25、38
安全	統一性、穩健性、謹慎性和完整性	5、14、21、31、35
權力	保持職業地位	2、17、39
成就	職業勝任能力	4、13、24、32
享樂	無	10、26、37
刺激	風險接受	6、15、30
自主	獨立的職業判斷	1、11、22、34

（六）參與人背景信息

問卷的第六部分包括 9 個關於參與人背景的問題，這些問題的主要目的是獲得關於參與人的年齡、性別、民族等信息。第 1 至 6 個問題分別詢問參與人的年齡、性別、受教育程度、在公司中的崗位、民族和從事會計工作的年限。第 7 至 9 個問題是為了處理對等性（equivalence）問題，即為了確定參與人是

否能夠代表其各自的文化。受同一種文化影響的參與人應該經歷相似的社會化過程。Matsumoto 和 Juang（2004）認為，最重要的社會化過程發生在一個社會的教育系統中。因此，個體具有其接受教育所在地的文化價值觀。第 7 至第 9 個問題分別要求參與人提供其完成小學、初中和高中教育所在地。

四、問卷預測試和發放

本文的調查問卷使用的語言為各民族的本族語言，漢族和回族參與人使用的調查問卷用漢語表述，維吾爾族參與人使用的調查問卷用維吾爾語表述，哈薩克族參與人使用的調查問卷用哈薩克語表述。本書先設計了漢語調查問卷，維吾爾語調查問卷由一名高校會計學專業的維吾爾族教師將漢語調查問卷翻譯而成，哈薩克語調查問卷由一名高校會計學專業的哈薩克族教師將漢語調查問卷翻譯而成，為了確保翻譯無誤，由另外一名維吾爾族教師和哈薩克族教師對調查問卷進行了回譯。本書根據回譯的結果對問卷的措辭進行了調整。

在將調查問卷分發給參與人之前，本書選取了漢族、維吾爾族、哈薩克族和回族會計實務人員各 5 名對調查問卷進行了預測試，並根據測試結果修改了調查問卷的措辭，得出了最終的調查問卷。調查問卷見附錄。

第六章　實證研究結果

　　本項目共發放了 900 份調查問卷，實際收回 513 份，其中有效問卷 453 份。在有效問卷中，漢族會計實務人員 169 名，約佔有效問卷總數的 37.31%；維吾爾族會計實務人員 125 名，約占總人數的 27.59%；哈薩克族會計實務人員 91 人，約占總人數的 20.09%；回族會計實務人員 68 人，約占總人數的 15.01%。

　　本章第一節對有效問卷參與人特徵進行了描述性統計分析；第二節根據調查問卷數據，分析了各民族會計人員的文化價值觀；第三節分析了本書研究假說的實證檢驗結果。

第一節　項目參與人特徵的描述性統計

　　調查問卷的第六部分是有關參與人特徵的信息，本節將分別按這些特徵進行描述性統計。

一、參與人年齡

　　從表 6-1 可以看出，在 453 名參與人中，有 14 名參與人年齡為 20~24 歲，占參與人總數的 3.09%；有 110 名參與人年齡為 25~29 歲，占參與人總數的 24.28%；有 130 名參與人年齡為 30~34 歲，占參與人總數的 28.7%；有 107 名參與人年齡為 35~39 歲，占參與人總數的 23.62%；有 86 名參與人年齡為 40~49 歲，占參與人總數的 18.99%；有 6 名參與人年齡為 50~59 歲，占參與人總數的 1.32%。

表 6-1　　　　　　　　　參與人的年齡分佈

年齡組別	頻數	頻數百分比（%）
20~24 歲	14	3.09
25~29 歲	110	24.28
30~34 歲	130	28.70
35~39 歲	107	23.62
40~49 歲	86	18.99
50~59 歲	6	1.32
合計	453	100

二、參與人性別

從表 6-2 可以看出，在 453 名參與人中，有 146 名參與人為男性，占參與人總數的 32.23%；有 307 名參與人為女性，占參與人總數的 67.77%。

表 6-2　　　　　　　　　參與人的性別分佈

性別	頻數	頻數百分比（%）
男	146	32.23
女	307	67.77
合計	453	100

三、參與人民族

從表 6-3 可以看出，在 453 名參與人中，有 125 名參與人為維吾爾族，占參與人總數的 27.59；有 91 名參與人為哈薩克族，占參與人總數的 20.09%；有 68 名的參與人為回族，占參與人總數的 15.01%；有 169 名參與人為漢族，占參與人總數的 37.31%。

表 6-3　　　　　　　　　參與人的民族分佈

民族	頻數	頻數百分比（%）
維吾爾族	125	27.59
哈薩克族	91	20.09

表6-3(續)

民族	頻數	頻數百分比（%）
回族	68	15.01
漢族	169	37.31
合計	453	100

四、參與人受教育程度

從表6-4可以看出，在453名參與人中，有47名參與人受教育程度為中專或高中，占參與人總數的10.37%；有398名參與人受教育程度為大專或大學本科，占參與人總數的87.86%；有8名參與人受教育程度為碩士及其以上，占參與人總數1.77%。由於參與人的受教育程度均在中專或高中以上，這表明參與人調查問卷的問題應當具有認知和解讀能力。

表6-4　　　　　　　　　參與人的受教育程度

受教育程度	頻數	頻數百分比（%）
中專或高中	47	10.38
大專或大學本科	398	87.86
碩士及其以上	8	1.77
合計	453	100

五、參與人的工作崗位

從表6-5可以看出，在453名參與人中，有114名參與人在工作中承擔一定的管理職責，擁有一個或多個下級管理人員，占參與人總數的25.17%；有參與人在工作中不承擔管理職責，沒有下級員工，占參與人總數的74.83%。

表6-5　　　　　　　　　參與人的工作崗位

崗位	頻數	頻數百分比（%）
有一個或多個下級管理人員	114	25.17
沒有下級員工	339	74.83
合計	453	100

六、參與人從事會計工作的年限

從表6-6可以看出，在453名參與人中，參與人的平均工作年限為8.23年，中位數為7年，工作年限最小值為3年，最大值為23年。這說明平均而言，參與人具有較為豐富的會計工作經驗，能夠正確理解調查問卷中的會計問題。

表6-6　　　　　　　參與人從事會計工作的年限

變量	樣本數	均值	標準誤	中位數	最小值	最大值
工作年限	453	8.23	4.42	7	3	23

七、參與人的教育背景

課題組的調查問卷要求參與人回答他們在何處完成了其小學、初中和高中的教育，據此可以確定參與人文化社會化過程的發生地。

從表6-7可以看出，有417名參與人是在新疆維吾爾自治區完成其小學教育的，占參與人總數的92.05%；有36名參與人是在新疆維吾爾自治區以外的地方完成其小學教育的，占參與人總數的7.95%。因此，大部分參與人的文化社會化過程是在新疆維吾爾自治區當地完成的，參與人的文化價值觀能夠代表其本民族文化的特徵。調查問卷的數據具有對等性（equivalence）。

表6-7　　　　　　　參與人的教育背景

完成教育所在地	小學教育 頻數	小學教育 頻數百分比(%)	初中教育 頻數	初中教育 頻數百分比(%)	高中教育 頻數	高中教育 頻數百分比(%)
新疆維吾爾自治區	417	92.05	419	92.49	415	91.61
其他省份	36	7.95	34	7.51	38	8.39
合計	453	100	453	100	453	100

第二節　會計人員的文化價值觀

本書在本節測量會計人員的文化價值觀。調查問卷的第五部分用Schwartz

等（2001）的肖像價值觀問卷（PVQ）測量了漢族、維吾爾族、哈薩克族和回族會計人員的文化價值觀。各族會計人員文化價值觀由 Schwartz（1992）的十種動機價值觀表示。本節首先檢驗了動機價值觀的信度，其次對參與人的會計文化價值觀進行了描述性統計；第三對各民族會計人員之間文化價值觀的差異進行分析。

一、動機價值觀的信度

Schwartz（2006）指出：肖像價值觀問卷（PVQ）量表項目值在各種文化間代表著相同的含義，10 種價值觀的平均內部一致性（Cronbach's Alpha）系數為 0.68，從傳統價值觀的 0.61 到普遍價值觀的 0.75。然而，量表的可靠性可能受到特定樣本的影響（Pallant，2005）。因此，本書用 Cronbach's Alpha 來檢驗會計人員的動機價值觀的可靠性，檢驗結果見表 6-8。

表 6-8　　　　　　　　會計人員的動機價值觀的可靠性

價值觀類型	Cronbach's Alpha
維護公眾利益	0.604, 3
保護組織利益	0.666, 1
遵循規章制度	0.694, 3
遵循公認會計慣例	0.624, 5
統一性、穩健性、謹慎性和完整性	0.671, 5
保持職業地位	0.810, 5
職業勝任能力	0.654, 6
享樂	0.555, 1
風險接受	0.676, 2
獨立的職業判斷	0.640, 8

由表 6-8 可知，維護公眾利益動機價值觀的 Cronbach's Alpha 值為 0.604, 3；保護組織利益動機價值觀的 Cronbach's Alpha 值為 0.666, 1；遵循規章制度動機價值觀的 Cronbach's Alpha 值為 0.694, 3；遵循公認會計慣例動機價值觀的 Cronbach's Alpha 值為 0.624, 5；統一性、穩健性、謹慎性和完整性動機價值觀的 Cronbach's Alpha 值為 0.671, 5；保持職業地位動機價值觀的 Cronbach's Alpha 值為 0.810, 5；職業勝任能力動機價值觀的 Cronbach's Alpha 值為 0.654, 6；享樂動機價值觀的 Cronbach's Alpha 值為 0.555, 1；風險接受動機

價值觀的 Cronbach's Alpha 值為 0.676,2；獨立的職業判斷動機價值觀的 Cronbach's Alpha 值為 0.640,8。除了享樂動機價值觀之外，其他 9 個動機價值觀的 Cronbach's Alpha 均在 0.6 以上。因此，這 9 個動機價值觀的測量是可靠的。

雖然，享樂動機價值觀的 Cronbach's Alpha 值為 0.555,1，但是根據本書第三章的分析，享樂價值觀在會計領域沒有對應的會計動機價值觀類型，其只有與風險接受或職業勝任能力這些相關價值觀類型一起解釋才有意義。因此，本書也保留了享樂動機價值觀類型。

Schwartz（1992）認為，十種動機價值觀類型可以簡化為一個兩維度價值觀結構。這個兩維度的價值觀結構包括四個高階的價值觀類型。這 4 個高階價值觀類型的 Cronbach's Alpha 值見表 6-9。從表 6-9 可以看出，開放價值觀類型的 Cronbach's Alpha 值為 0.789,3；保守價值觀類型的 Cronbach's Alpha 值為 0.845,3；自我增強價值觀類型的 Cronbach's Alpha 值為 0.862,9；自我超越價值觀類型的 Cronbach's Alpha 值為 0.780,8。這 4 個高階價值觀類型的 Cronbach's Alpha 值均在 0.78 以上，因此其測量是可靠的。

表 6-9　　　　　　　　高階價值觀類型的可靠性

價值觀類型	Cronbach's Alpha
開放	0.789,3
保守	0.845,3
自我增強	0.862,9
自我超越	0.780,8

二、動機價值觀的描述性統計

參與人的會計動機價值觀由 10 個動機價值觀類型構成，每一個價值觀類型由若干個題項構成，其對應關係見第 5 章的表 5-7。本書將參與人對每一價值觀類型的題項得分加總後，除以題項數量得到該價值觀類型的得分。10 個動機價值觀類型的描述性統計見表 6-10。

表 6-10　　　動機價值觀類型的描述性統計　（$N=453$）

動機價值觀類型	均值	中位數	標準差	最小值	最大值
維護公眾利益	4.338	4.333	0.656	2.667	5.667
保護組織利益	4.24	4.25	0.676	2.5	6

表6-10(續)

動機價值觀類型	均值	中位數	標準差	最小值	最大值
遵循規章制度	4.45	4.5	0.635	2.75	6
遵循公認會計慣例	4.295	4.25	0.675	2.5	6
統一性、穩健性、謹慎性和完整性	4.385	4.4	0.572	2.4	6
保持職業地位	3.931	4	1.069	1.333	6
職業勝任能力	3.737	4	0.807	1.5	5.5
享樂	4.216	4.333	0.783	2	6
風險接受	3.742	3.667	0.967	1	6
獨立的職業判斷	4.202	4.25	0.804	2	5.75

從表6-10可以看出，維護公眾利益價值觀維度的均值為4.338，標準差為0.656，中位數為4.333，即大部分參與人傾向於「為了人類的福祉和自然而理解、欣賞、忍耐」(Schwartz, 1992)。這表明參與人相信會計人員有維護公眾利益的責任。

保護組織利益價值觀維度的均值為4.24，標準差為0.676，中位數為4.25，即大部分參與人傾向於「保護和提高經常與之交往的人的福利」(Schwartz, 1992)。這表明參與人較為關注組織的利益。

在10個動機價值觀維度中，遵循規章制度價值觀維度的均值最高，為4.45，標準差為0.635，中位數為4.5，這表明參與人具有遵從規章制度的動機，這來自Schwartz (1992)所描述的「限制可能傷害他人和違背社會期望的行為和傾向」。

遵循公認會計慣例價值觀維度的均值為4.295，標準差為0.675，中位數為4.25，這表明參與人具有遵循固有做事方法的動機，這來自Schwartz (1992)所描述的「尊重，接受文化或宗教中傳達的傳統和理念」。

統一性、穩健性、謹慎性和完整性價值觀維度的均值為4.385，標準差為0.572，中位數為4.4，這表明參與人普遍較為穩健和謹慎，較為注重誠實和可依賴性，盡量避免波動性和不穩定性。

保持職業地位價值觀維度的均值為3.931，標準差為1.069，中位數為4，這表明參與人僅是有些像以追求「社會地位和名望，對他人和資源的控制(Schwartz, 1992)」為目標的人。這說明不處在公共職業領域的會計人員並沒有很強的關於保持職業地位和聲望的觀點。較大的標準差表明，參與人對這

一問題的態度存在較大分歧。

　　職業勝任能力價值觀維度的均值為 3.737，標準差為 0.807，中位數為 4，這表明參與人僅有一點兒像或是有些像以追求「社會地位和名望，對他人和資源的控制（Schwartz，1992）」為目標的人。這說明許多參與人認為職業勝任能力的目標對他們來說並不重要。通過比較保持職業地位價值觀維度和職業勝任能力價值觀維度的均值，可以發現對於不處在公共職業領域的會計人員而言，他們既不太關注保持職業地位和聲望，也不太看重職業勝任能力。

　　享樂價值觀維度的均值為 4.216，標準差為 0.783，中位數為 4.333，這表明參與人注重追求愉快或個體感官上的滿足。享樂價值觀在會計領域沒有對應的會計動機價值觀類型。

　　風險接受價值觀維度的均值為 3.742，標準差為 0.967，中位數為 3.667，這表明追求「刺激、新穎和生活的改變（Schwartz，1992）」並不是參與人人生的重要目標。這說明參與人具有規避風險的傾向。

　　獨立的職業判斷價值觀維度的均值為 4.202，標準差為 0.804，中位數為 4.25，這表明參與人將「思考和行為的獨立性（Schwartz，1992）」視作重要的人生目標。這說明會計人員較為看重能夠實施獨立的職業判斷，從而滿足他們獨立思考和行動的需求。

　　總體來看，會計人員動機價值觀的描述性統計表明，參與人將保護公眾和組織利益作為重要的目標，他們認為有必要遵從規章制度和公認會計慣例，同時參與人普遍較為穩健和謹慎，較為看重實施獨立的職業判斷。但是，參與人不太關注保持職業地位和聲望，也不太看重職業勝任能力，並具有規避風險的傾向。

　　參與人的高階動機價值觀由 4 個動機價值觀類型構成。每一個高階價值觀類型由若干個題項構成。本書將參與人對每一高階價值觀類型的題項得分加總後，除以題項數量得到該高階價值觀類型的得分。4 個高階動機價值觀類型的描述性統計見表 6-11。

表 6-11　　高階動機價值觀類型的描述性統計（$N=453$）

高階動機價值觀類型	均值	中位數	標準差	最小值	最大值
自我超越	4.299	4.3	0.618	2.6	5.8
自我增強	3.939	3.9	0.778	1.8	5.6
開放	4.005	4	0.794	2	5.714
保守	4.377	4.385	0.538	2.538	5.923

從表 6-11 可以看出，自我超越和自我增強價值觀維度的均值分別為 4.299 和 3.939，這說明參與人較為傾向追求服務集體利益，而不是追求服務個人利益。開放和保守價值觀維度的均值分別為 4.055 和 4.377，這說明參與人較為傾向於通過維持確定、穩定的環境來保持現狀，而不是偏好在充滿挑戰和不確定的環境中實施職業判斷的會計行為。

三、各民族會計人員之間文化價值觀的差異分析

動機價值觀的描述性統計表明，會計人員具有清晰和一致的價值觀結構。本部分則進一步檢驗不同民族會計人員之間的文化價值觀是否存在差異。本書以十種動機價值觀類型作為因變量，用單因子方差分析方法檢驗各民族會計人員文化價值觀是否存在差異。

（一）維護公眾利益動機價值觀

本書運用方差分析方法檢驗了漢族、維吾爾族、回族和哈薩克族會計人員在維護公眾利益動機價值觀方面是否存在顯著的差異，結果見表 6-12。

從表 6-12 的 Panel A 可以看出，方差檢驗的 F 值為 1.060，P 值為 0.368。這表明四個民族會計人員在維護公眾利益動機價值觀方面不存在顯著的差異。

從表 6-12 的 Panel B 可以看出，哈薩克族與維吾爾族在維護公眾利益動機價值觀維度的平均值差異為-0.083，平均值差異不顯著；回族與維吾爾族在維護公眾利益動機價值觀維度的平均值差異為-0.147，平均值差異不顯著；漢族與維吾爾族在維護公眾利益動機價值觀維度的平均值差異為-0.120，平均值差異不顯著；回族與哈薩克族在維護公眾利益動機價值觀維度的平均值差異為-0.064，平均值差異不顯著；漢族與哈薩克族在維護公眾利益動機價值觀維度的平均值差異為-0.037，平均值差異不顯著；漢族與回族在維護公眾利益動機價值觀維度的平均值差異為 0.027，平均值差異不顯著。Panel B 的多重比較表明，四個民族會計人員維護公眾利益動機價值觀評分的均值也不存在顯著的差異。

表 6-12　不同民族會計人員維護公眾利益動機價值觀的方差分析

Panel A：方差分析結果					
	平方和	自由度	平均平方和	方差檢驗 F 值	P 值
組間	1.364	3	0.455	1.060	0.368
組內	193.431	449	0.431		
總和	194.795	452	0.431		

表6-12(續)

Panel B：多重比較		平均值差異	顯著性水準
哈薩克族	維吾爾族	-0.083	0.842
回族	維吾爾族	-0.147	0.532
漢族	維吾爾族	-0.120	0.497
回族	哈薩克族	-0.064	0.946
漢族	哈薩克族	-0.037	0.979
漢族	回族	0.027	0.994

註：多重比較使用了 Scheffe 法；＊＊表示在 0.01 的水準上顯著，＊表示在 0.05 的水準上顯著

（二）保護組織利益動機價值觀

本書運用方差分析方法檢驗了漢族、維吾爾族、回族和哈薩克族會計人員在保護組織利益動機價值觀方面是否存在顯著的差異，結果見表 6-13。

從表 6-13 的 Panel A 可以看出，方差檢驗的 F 值為 12.080，P 值為 0.000。這表明四個民族會計人員在保護組織利益動機價值觀方面存在顯著的差異。

從表 6-13 的 Panel B 可以看出，哈薩克族與維吾爾族在保護組織利益動機價值觀維度的平均值差異為 0.039，平均值差異不顯著；回族與維吾爾族在保護組織利益動機價值觀維度的平均值差異為 -0.296，平均值差異在 5% 的水準上顯著；漢族與維吾爾族在保護組織利益動機價值觀維度的平均值差異為 -0.370，平均值差異在 1% 的水準上顯著；回族與哈薩克族在保護組織利益動機價值觀維度的平均值差異為 -0.336，平均值差異在 5% 的水準上顯著；漢族與哈薩克族在保護組織利益動機價值觀維度的平均值差異為 -0.409，平均值差異在 1% 的水準上顯著；漢族與回族在保護組織利益動機價值觀維度的平均值差異為 -0.073，平均值差異不顯著。

Panel B 的多重比較表明，回族會計人員保護組織利益動機價值觀評分的均值顯著小於維吾爾族的均值；漢族會計人員保護組織利益動機價值觀評分的均值顯著小於維吾爾族的均值；回族會計人員保護組織利益動機價值觀評分的均值顯著小於哈薩克族的均值；漢族會計人員保護組織利益動機價值觀評分的均值顯著小於哈薩克族的均值；哈薩克族與維吾爾族、漢族與回族之間保護組織利益動機價值觀評分的均值不存在顯著的差異。

因此，按參與人對保護組織利益動機價值觀評分的均值來看，哈薩克族最

高,維吾爾族第二,回族第三,漢族第四。

表 6-13　不同民族會計人員保護組織利益動機價值觀的方差分析

Panel A：方差分析結果					
	平方和	自由度	平均平方和	方差檢驗 F 值	P 值
組間	15.410	3	5.137	12.080	0.000
組內	190.853	449	0.425		
總和	206.263	452	0.456		
Panel B：多重比較					
		平均值差異		顯著性水準	
哈薩克族	維吾爾族	0.039		0.979	
回族	維吾爾族	-0.296*		0.029	
漢族	維吾爾族	-0.370**		0.000	
回族	哈薩克族	-0.336*		0.017	
漢族	哈薩克族	-0.409**		0.000	
漢族	回族	-0.073		0.894	

註：多重比較使用的是 Scheffe 法；＊＊表示在 0.01 的水準上顯著，＊表示在 0.05 的水準上顯著

(三) 遵循規章制度動機價值觀

本書運用方差分析方法檢驗了漢族、維吾爾族、回族和哈薩克族會計人員在遵循規章制度動機價值觀方面是否存在顯著的差異,結果見表 6-14。

從表 6-14 的 Panel A 可以看出,方差檢驗的 F 值為 9.730, P 值為 0.000。這表明四個民族會計人員在遵循規章制度動機價值觀方面存在顯著的差異。

從表 6-14 的 Panel B 可以看出,哈薩克族與維吾爾族在遵循規章制度動機價值觀維度的平均值差異為 0.038,平均值差異不顯著;回族與維吾爾族在遵循規章制度動機價值觀維度的平均值差異為 0.244,平均值差異不顯著;漢族與維吾爾族在遵循規章制度動機價值觀維度的平均值差異為 -0.210,平均值差異在 5% 的水準上顯著;回族與哈薩克族在遵循規章制度動機價值觀維度的平均值差異為 0.206,平均值差異不顯著;漢族與哈薩克族在遵循規章制度動機價值觀維度的平均值差異為 -0.248,平均值差異在 5% 的水準上顯著;漢族與回族在遵循規章制度動機價值觀維度的平均值差異為 -0.454,平均值差異在 1% 的水準上顯著。

Panel B 的多重比較表明，漢族會計人員遵循規章制度動機價值觀評分的均值顯著的小於維吾爾族的均值；漢族會計人員遵循規章制度動機價值觀評分的均值顯著的小於哈薩克族的均值；漢族會計人員遵循規章制度動機價值觀評分的均值顯著的小於回族的均值；哈薩克族與維吾爾族、回族與維吾爾族以及回族與哈薩克族之間遵循規章制度動機價值觀評分的均值不存在顯著的差異。

因此，按參與人對遵循規章制度動機價值觀評分的均值來看，回族最高，哈薩克族第二，維吾爾族第三，漢族第四。

表 6-14　不同民族會計人員遵循規章制度動機價值觀的方差分析

Panel A：方差分析結果					
	平方和	自由度	平均平方和	方差檢驗 F 值	P 值
組間	11.124	3	3.708	9.730	0.000
組內	171.171	449	0.381		
總和	182.295	452	0.403		
Panel B：多重比較					
			平均值差異	顯著性水準	
哈薩克族	維吾爾族		0.038	0.978	
回族	維吾爾族		0.244	0.078	
漢族	維吾爾族		-0.210*	0.041	
回族	哈薩克族		0.206	0.229	
漢族	哈薩克族		-0.248*	0.024	
漢族	回族		-0.454**	0.000	

註：多重比較使用了 Scheffe 法；＊＊表示在 0.01 的水準上顯著，＊表示在 0.05 的水準上顯著

（四）遵循公認會計慣例動機價值觀

本書運用方差分析方法檢驗了漢族、維吾爾族、回族和哈薩克族會計人員在遵循公認會計慣例動機價值觀方面是否存在顯著的差異，結果見表 6-15。

從表 6-15 的 Panel A 可以看出，方差檢驗的 F 值為 18.070，P 值為 0.000。這表明四個民族會計人員在遵循公認會計慣例動機價值觀方面存在顯著的差異。

從表 6-15 的 Panel B 可以看出，哈薩克族與維吾爾族在遵循公認會計慣例動機價值觀維度的平均值差異為 0.050，平均值差異不顯著；回族與維吾爾族在遵循公認會計慣例動機價值觀維度的平均值差異為 0.355，平均值差異在

1%的水準上顯著；漢族與維吾爾族在遵循公認會計慣例動機價值觀維度的平均值差異為-0.291，平均值差異在1%的水準上顯著；回族與哈薩克族在遵循公認會計慣例動機價值觀維度的平均值差異為0.305，平均值差異在5%的水準上顯著；漢族與哈薩克族在遵循公認會計慣例動機價值觀維度的平均值差異為-0.341，平均值差異在1%的水準上顯著；漢族與回族在遵循公認會計慣例動機價值觀維度的平均值差異為-0.646，平均值差異在1%的水準上顯著。

Panel B 的多重比較表明，回族會計人員遵循公認會計慣例動機價值觀評分的均值顯著的大於維吾爾族的均值；漢族會計人員遵循公認會計慣例動機價值觀評分的均值顯著的小於維吾爾族的均值；回族會計人員遵循公認會計慣例動機價值觀評分的均值顯著的大於哈薩克族的均值；漢族會計人員遵循公認會計慣例動機價值觀評分的均值顯著的小於哈薩克族的均值；漢族會計人員遵循公認會計慣例動機價值觀評分的均值顯著的小於回族的均值；哈薩克族與維吾爾族之間遵循公認會計慣例動機價值觀評分的均值不存在顯著的差異。

因此，按參與人對遵循公認會計慣例動機價值觀評分的均值來看，回族最高，哈薩克族第二，維吾爾族第三，漢族第四。

表6-15　不同民族會計人員遵循公認會計慣例動機價值觀的方差分析

Panel A：方差分析結果					
	平方和	自由度	平均平方和	方差檢驗 F 值	P 值
組間	22.191	3	7.397	18.070	0.000
組內	183.842	449	0.409		
總和	206.032	452	0.456		

Panel B：多重比較			
		平均值差異	顯著性水準
哈薩克族	維吾爾族	0.050	0.956
回族	維吾爾族	0.355**	0.004
漢族	維吾爾族	-0.291**	0.002
回族	哈薩克族	0.305*	0.033
漢族	哈薩克族	-0.341**	0.001
漢族	回族	-0.646**	0.000

註：多重比較使用了 Scheffe 法；**表示在0.01的水準上顯著，*表示在0.05的水準上顯著

(五) 統一性、穩健性、謹慎性和完整性動機價值觀

本書運用方差分析方法檢驗了漢族、維吾爾族、回族和哈薩克族會計人員在統一性、穩健性、謹慎性和完整性動機價值觀方面是否存在顯著的差異,結果見表6-16。

從表6-16的Panel A可以看出,方差檢驗的F值為8.740,P值為0.000。這表明四個民族的會計人員在統一性、穩健性、謹慎性和完整性動機價值觀方面存在顯著的差異。

從表6-16的Panel B可以看出,哈薩克族與維吾爾族在統一性、穩健性、謹慎性和完整性動機價值觀維度的平均值差異為0.021,平均值差異不顯著;回族與維吾爾族在統一性、穩健性、謹慎性和完整性動機價值觀維度的平均值差異為-0.119,平均值差異不顯著;漢族與維吾爾族在統一性、穩健性、謹慎性和完整性動機價值觀維度的平均值差異為-0.284,平均值差異在1%的水準上顯著;回族與哈薩克族在統一性、穩健性、謹慎性和完整性動機價值觀維度的平均值差異為-0.140,平均值差異不顯著;漢族與哈薩克族在統一性、穩健性、謹慎性和完整性動機價值觀維度的平均值差異為-0.305,平均值差異在1%的水準上顯著;漢族與回族在統一性、穩健性、謹慎性和完整性動機價值觀維度的平均值差異為-0.165,平均值差異不顯著。

Panel B的多重比較表明,漢族會計人員統一性、穩健性、謹慎性和完整性動機價值觀評分的均值顯著的小於維吾爾族的均值;漢族會計人員統一性、穩健性、謹慎性和完整性動機價值觀評分的均值顯著的小於哈薩克族的均值;哈薩克族與維吾爾族、回族與維吾爾族、回族與哈薩克族以及漢族與回族之間統一性、穩健性、謹慎性和完整性動機價值觀評分的均值不存在顯著的差異。

因此,按參與人對統一性、穩健性、謹慎性和完整性動機價值觀評分的均值來看,哈薩克族最高,維吾爾族第二,回族第三,漢族第四。

表6-16 不同民族會計人員統一性、穩健性、謹慎性和完整性動機價值觀的方差分析

Panel A: 方差分析結果					
	平方和	自由度	平均平方和	方差檢驗F值	P值
組間	8.155	3	2.718	8.740	0.000
組內	139.697	449	0.311		
總和	147.852	452	0.327		
Panel B: 多重比較					

表6-16(續)

		平均值差異	顯著性水準
哈薩克族	維吾爾族	0.021	0.994
回族	維吾爾族	-0.119	0.574
漢族	維吾爾族	-0.284**	0.000
回族	哈薩克族	-0.140	0.485
漢族	哈薩克族	-0.305**	0.001
漢族	回族	-0.165	0.237

註：多重比較使用了Scheffe法；**表示在0.01的水準上顯著，*表示在0.05的水準上顯著

（六）保持職業地位動機價值觀

本書運用方差分析方法檢驗了漢族、維吾爾族、回族和哈薩克族會計人員在保持職業地位動機價值觀方面是否存在顯著的差異，結果見表6-17。

從表6-17的Panel A可以看出，方差檢驗的F值為40.420，P值為0.000。這表明四個民族的會計人員在保持職業地位動機價值觀方面存在顯著的差異。

從表6-17的Panel B可以看出，哈薩克族與維吾爾族在保持職業地位動機價值觀維度的平均值差異為-0.004，平均值差異不顯著；回族與維吾爾族在保持職業地位動機價值觀維度的平均值差異為-0.611，平均值差異在1%的水準上顯著；漢族與維吾爾族在保持職業地位動機價值觀維度的平均值差異為0.778，平均值差異在1%的水準上顯著；回族與哈薩克族在保持職業地位動機價值觀維度的平均值差異為-0.606，平均值差異在1%的水準上顯著；漢族與哈薩克族在保持職業地位動機價值觀維度的平均值差異為0.782，平均值差異在1%的水準上顯著；漢族與回族在保持職業地位動機價值觀維度的平均值差異為1.388，平均值差異在1%的水準上顯著。

Panel B的多重比較表明，回族會計人員保持職業地位動機價值觀評分的均值顯著的小於維吾爾族的均值；漢族會計人員保持職業地位動機價值觀評分的均值顯著的大於維吾爾族的均值；回族會計人員保持職業地位動機價值觀評分的均值顯著的小於哈薩克族的均值；漢族會計人員保持職業地位動機價值觀評分的均值顯著的大於哈薩克族的均值；漢族會計人員保持職業地位動機價值觀評分的均值顯著的大於回族的均值；哈薩克族與維吾爾族之間保持職業地位動機價值觀評分的均值不存在顯著的差異。

因此，按參與人對保持職業地位動機價值觀評分的均值來看，漢族最高，維吾爾族第二，哈薩克族第三，回族第四。

表 6-17　不同民族會計人員保持職業地位動機價值觀的方差分析

Panel A：方差分析結果					
	平方和	自由度	平均平方和	方差檢驗 F 值	P 值
組間	109.866	3	36.622	40.420	0.000
組內	406.856	449	0.906		
總和	516.722	452	1.143		
Panel B：多重比較					
			平均值差異	顯著性水準	
哈薩克族	維吾爾族		-0.004	1.000	
回族	維吾爾族		-0.611**	0.000	
漢族	維吾爾族		0.778**	0.000	
回族	哈薩克族		-0.606**	0.001	
漢族	哈薩克族		0.782**	0.000	
漢族	回族		1.388**	0.000	

註：多重比較使用了 Scheffe 法；**表示在 0.01 的水準上顯著，*表示在 0.05 的水準上顯著

（七）職業勝任能力動機價值觀

本書運用方差分析方法檢驗了漢族、維吾爾族、回族和哈薩克族會計人員在職業勝任能力動機價值觀方面是否存在顯著的差異，結果見表 6-18。

從表 6-18 的 Panel A 可以看出，方差檢驗的 F 值為 22.610，P 值為 0.000。這表明四個民族的會計人員在職業勝任能力動機價值觀方面存在顯著的差異。

從表 6-18 的 Panel B 可以看出，哈薩克族與維吾爾族在職業勝任能力動機價值觀維度的平均值差異為-0.246，平均值差異不顯著；回族與維吾爾族在職業勝任能力動機價值觀維度的平均值差異為-0.688，平均值差異在 1% 的水準上顯著；漢族與維吾爾族在職業勝任能力動機價值觀維度的平均值差異為 0.166，平均值差異不顯著；回族與哈薩克族在職業勝任能力動機價值觀維度的平均值差異為-0.443，平均值差異在 1% 的水準上顯著；漢族與哈薩克族在職業勝任能力動機價值觀維度的平均值差異為 0.412，平均值差異在 1% 的水

準上顯著；漢族與回族在職業勝任能力動機價值觀維度的平均值差異為 0.854，平均值差異在 1%的水準上顯著。

Panel B 的多重比較表明，回族會計人員職業勝任能力動機價值觀評分的均值顯著的小於維吾爾族的均值；回族會計人員職業勝任能力動機價值觀評分的均值顯著的小於哈薩克族的均值；漢族會計人員職業勝任能力動機價值觀評分的均值顯著的大於哈薩克族的均值；漢族會計人員職業勝任能力動機價值觀評分的均值顯著的大於回族的均值；哈薩克族與維吾爾族以及漢族與維吾爾族之間職業勝任能力動機價值觀評分的均值不存在顯著的差異。

因此，按參與人對職業勝任能力動機價值觀評分的均值來看，漢族最高，維吾爾族第二，哈薩克族第三，回族第四。

表 6-18　不同民族會計人員保持職業勝任能力動機價值觀的方差分析

Panel A：方差分析結果					
	平方和	自由度	平均平方和	方差檢驗 F 值	P 值
組間	38.639	3	12.880	22.610	0.000
組內	255.726	449	0.570		
總和	294.365	452	0.651		
Panel B：多重比較					
		平均值差異		顯著性水準	
哈薩克族	維吾爾族	-0.246		0.136	
回族	維吾爾族	-0.688**		0.000	
漢族	維吾爾族	0.166		0.325	
回族	哈薩克族	-0.443**		0.004	
漢族	哈薩克族	0.412**		0.001	
漢族	回族	0.854**		0.000	

註：多重比較使用了 Scheffe 法；＊＊表示在 0.01 的水準上顯著，＊表示在 0.05 的水準上顯著

（八）享樂動機價值觀

本書運用方差分析方法檢驗了漢族、維吾爾族、回族和哈薩克族會計人員在享樂動機價值觀方面是否存在顯著的差異，結果見表 6-19。

從表 6-19 的 Panel A 可以看出，方差檢驗的 F 值為 1.720，P 值為 0.163。這表明四個民族會計人員在享樂動機價值觀方面不存在顯著的差異。

從表 6-19 的 Panel B 可以看出，哈薩克族與維吾爾族在享樂動機價值觀維度的平均值差異為-0.002，平均值差異不顯著；回族與維吾爾族在享樂動機價值觀維度的平均值差異為-0.098，平均值差異不顯著；漢族與維吾爾族在享樂動機價值觀維度的平均值差異為 0.134，平均值差異不顯著；回族與哈薩克族在享樂動機價值觀維度的平均值差異為-0.096，平均值差異不顯著；漢族與哈薩克族在享樂動機價值觀維度的平均值差異為 0.136，平均值差異不顯著；漢族與回族在享樂動機價值觀維度的平均值差異為 0.232，平均值差異不顯著。

Panel B 的多重比較也表明，四個民族的會計人員享樂動機價值觀評分的均值也不存在顯著的差異。

表 6-19　　不同民族會計人員享樂動機價值觀的方差分析

Panel A：方差分析結果					
	平方和	自由度	平均平方和	方差檢驗 F 值	P 值
組間	3.144	3	1.048	1.720	0.163
組內	273.877	449	0.610		
總和	277.021	452	0.613		
Panel B：多重比較					
		平均值差異		顯著性水準	
哈薩克族	維吾爾族	-0.002		1.000	
回族	維吾爾族	-0.098		0.875	
漢族	維吾爾族	0.134		0.548	
回族	哈薩克族	-0.096		0.899	
漢族	哈薩克族	0.136		0.616	
漢族	回族	0.232		0.234	

註：多重比較使用了 Scheffe 法；＊＊表示在 0.01 的水準上顯著，＊表示在 0.05 的水準上顯著

（九）風險接受動機價值觀

本書運用方差分析方法檢驗了漢族、維吾爾族、回族和哈薩克族會計人員在風險接受動機價值觀方面是否存在顯著的差異，結果見表 6-20。

從表 6-20 的 Panel A 可以看出，方差檢驗的 F 值為 23.760，P 值為 0.000。這表明四個民族會計人員在風險接受動機價值觀方面存在顯著的差異。

從表 6-20 的 Panel B 可以看出，哈薩克族與維吾爾族在風險接受動機價值

觀維度的平均值差異為 0.533，平均值差異在 1% 的水準上顯著；回族與維吾爾族在風險接受動機價值觀維度的平均值差異為 -0.403，平均值差異在 5% 的水準上顯著；漢族與維吾爾族在風險接受動機價值觀維度的平均值差異為 0.536，平均值差異在 1% 的水準上顯著；回族與哈薩克族在風險接受動機價值觀維度的平均值差異為 -0.936，平均值差異在 1% 的水準上顯著；漢族與哈薩克族在風險接受動機價值觀維度的平均值差異為 0.002，平均值差異不顯著；漢族與回族在風險接受動機價值觀維度的平均值差異為 0.938，平均值差異在 1% 的水準上顯著。

Panel B 的多重比較表明，哈薩克族會計人員風險接受動機價值觀評分的均值顯著的大於維吾爾族的均值；回族會計人員風險接受動機價值觀評分的均值顯著的小於維吾爾族的均值；漢族會計人員風險接受動機價值觀評分的均值顯著的大於維吾爾族的均值；回族會計人員風險接受動機價值觀評分的均值顯著的小於哈薩克族的均值；漢族會計人員風險接受動機價值觀評分的均值顯著的大於回族的均值；漢族與哈薩克族之間風險接受動機價值觀評分的均值不存在顯著的差異。

因此，按參與人對風險接受動機價值觀評分的均值來看，漢族最高，哈薩克族第二，維吾爾族第三，回族第四。

表 6-20　不同民族會計人員風險接受動機價值觀的方差分析

Panel A：方差分析結果					
	平方和	自由度	平均平方和	方差檢驗 F 值	P 值
組間	57.875	3	19.292	23.760	0.000
組內	364.523	449	0.812		
總和	422.398	452	0.935		

Panel B：多重比較			
		平均值差異	顯著性水準
哈薩克族	維吾爾族	0.533**	0.000
回族	維吾爾族	-0.403*	0.033
漢族	維吾爾族	0.536**	0.000
回族	哈薩克族	-0.936**	0.000
漢族	哈薩克族	0.002	1.000
漢族	回族	0.938**	0.000

註：多重比較使用了 Scheffe 法；** 表示在 0.01 的水準上顯著，* 表示在 0.05 的水準上顯著

（十）獨立的職業判斷動機價值觀

本書運用方差分析方法檢驗了漢族、維吾爾族、回族和哈薩克族會計人員在獨立的職業判斷動機價值觀方面是否存在顯著的差異，結果見表6-21。

從表6-21的Panel A可以看出，方差檢驗的F值為58.880，P值為0.000。這表明四個民族會計人員在獨立的職業判斷動機價值觀方面存在顯著的差異。

從表6-21的Panel B可以看出，哈薩克族與維吾爾族在獨立的職業判斷動機價值觀維度的平均值差異為-0.207，平均值差異不顯著；回族與維吾爾族在獨立的職業判斷動機價值觀維度的平均值差異為-0.978，平均值差異在1%的水準上顯著；漢族與維吾爾族在獨立的職業判斷動機價值觀維度的平均值差異為0.307，平均值差異在1%的水準上顯著；回族與哈薩克族在獨立的職業判斷動機價值觀維度的平均值差異為-0.771，平均值差異在1%的水準上顯著；漢族與哈薩克族在獨立的職業判斷動機價值觀維度的平均值差異為0.514，平均值差異在1%的水準上顯著；漢族與回族在獨立的職業判斷動機價值觀維度的平均值差異為1.285，平均值差異在1%的水準上顯著。

Panel B的多重比較表明，回族會計人員獨立的職業判斷動機價值觀評分的均值顯著的小於維吾爾族的均值；漢族會計人員獨立的職業判斷動機價值觀評分的均值顯著的大於維吾爾族的均值；回族會計人員獨立的職業判斷動機價值觀評分的均值顯著的小於哈薩克族的均值；漢族會計人員獨立的職業判斷動機價值觀評分的均值顯著的大於哈薩克族的均值；漢族會計人員獨立的職業判斷動機價值觀評分的均值顯著的大於回族的均值；哈薩克族與維吾爾族之間獨立的職業判斷動機價值觀評分的均值不存在顯著的差異。

因此，按參與人對獨立的職業判斷動機價值觀評分的均值來看，漢族最高，維吾爾族第二，哈薩克族第三，回族第四。

表6-21 不同民族會計人員獨立的職業判斷動機價值觀的方差分析

Panel A：方差分析結果					
	平方和	自由度	平均平方和	方差檢驗F值	P值
組間	82.410	3	27.470	58.880	0.000
組內	209.484	449	0.467		
總和	291.893	452	0.646		

表6-21(續)

Panel B：多重比較			
		平均值差異	顯著性水準
哈薩克族	維吾爾族	-0.207	0.185
回族	維吾爾族	-0.978**	0.000
漢族	維吾爾族	0.307**	0.003
回族	哈薩克族	-0.771**	0.000
漢族	哈薩克族	0.514**	0.000
漢族	回族	1.285**	0.000

註：多重比較使用了 Scheffe 法；**表示在 0.01 的水準上顯著，*表示在 0.05 的水準上顯著

上述結果表明，除了維護公眾利益和享樂動機價值觀之外，各民族會計人員之間在其他 8 個動機價值觀上均存在顯著的差異，即各民族會計人員的文化價值觀存在顯著的差異。

第三節 研究假說的實證檢驗結果

本節第一部分是研究假說一的實證檢驗結果，即檢驗文化價值觀與會計概念解釋之間的關係；本節第二部分是研究假說二的實證檢驗結果，即檢驗文化價值觀與會計信息決策有用性判斷之間的關係；本節第三部分是研究假說三的實證檢驗結果，即檢驗文化價值觀與謹慎性原則解釋之間的關係；本節第四部分是研究假說四和五的實證檢驗結果，即檢驗文化價值觀與負債確認和負債計量的關係；本節第五部分對文化價值觀、會計概念解釋與會計信息決策有用性的判斷三者之間的關係進行檢驗。

一、研究假說一的實證檢驗結果

在第四章理論分析部分，本書分析了文化價值觀如何影響人的認知過程，從而影響會計人員對會計概念的解釋，並討論了易受到文化價值觀影響而產生解釋差異的資產屬性。本書從中選擇了 3 個關鍵問題，這 3 個關鍵問題是：①過去的交易或事項；②控制；③經濟資源。調查問卷第一部分關於這 3 個關鍵問題的描述見表 6-22。參與人對這些資產屬性描述態度的頻數分佈見

表 6-23。本書用非參數 Spearman 秩相關係數檢驗了參與人對資產屬性的態度與其動機價值觀之間關係的強弱，檢驗結果見表 6-22。

表 6-22　會計動機價值觀和資產屬性的相關關係表（$N=453$）

關鍵問題	動機價值觀	資產屬性描述	斯皮爾曼相關係數
1. 過去的交易或者事項	遵循公認會計慣例	必須是過去交易或事項的結果	$rho = 0.519$，$p = 0.000$
		資產不一定是過去交易的結果，環境的變化也可能形成企業的資產	$rho = -0.055$，$p = 0.244$
	統一性、穩健性、謹慎性和完整性	必須是過去交易或事項的結果	$rho = 0.471,6$，$p = 0.000$
		資產不一定是過去交易的結果，環境的變化也可能形成企業的資產	$rho = -0.075,7$，$p = 0.107,5$
2. 控制	統一性、穩健性、謹慎性和完整性	控制針對的是未來能產生現金和現金等價物的東西	$rho = 0.244$，$p = 0.000$
		控制針對的是一種可能的未來經濟利益	$rho = -0.038,3$，$p = 0.416,2$
3. 經濟資源	遵循公認會計慣例	資產代表一種遞延支出	$rho = 0.422,1$，$p = 0.000$
		成本或支出代表資產	$rho = 0.465,2$，$p = 0.000$
	獨立的職業判斷	是直接或者間接導致現金和現金等價物流入企業的服務潛力	$rho = -0.002,8$，$p = 0.952,9$
	保護公眾利益	是指未來可用於與現金或其他商品和服務進行交換的東西	$rho = 0.406,3$，$p = 0.000$

表 6-23　參與人對資產屬性態度的頻數分佈（$N=453$）　　（單位:%）

資產屬性描述	不同意見					
	強烈反對	不同意	有點不同意	有點同意	同意	強烈同意
過去的交易或事項						
必須是過去交易或事項的結果	4	8.67	13.78	35.78	34.67	3.11

表6-23(續)

資產屬性描述	不同意見					
	強烈反對	不同意	有點不同意	有點同意	同意	強烈同意
資產不一定是過去交易的結果，環境的變化也可能形成企業的資產	15.67	17.44	16.78	17.88	16.56	15.67
控制						
控制針對的是未來能產生現金和現金等價物的東西	8.95	12.53	12.98	31.1	31.99	2.46
控制針對的是一種可能的未來經濟利益	0.66	3.53	0.22	14.35	34.66	41.72
經濟資源						
代表一種遞延支出	3.75	6.18	5.3	30.91	49.45	4.42
成本或支出代表資產	9.05	16.11	11.04	28.04	32.67	3.09
是直接或者間接導致現金和現金等價物流入企業的服務潛力	17.22	17.88	11.26	18.1	18.32	17.22
是指未來可用於與現金或其他商品和服務進行交換的東西	2.66	6.21	11.53	30.82	45.68	3.1

　　中國的企業會計準則認為「資產」是「企業過去的交易或者事項形成的」。但是僅僅因為一項交易或事項發生，並不意味著資產由此產生。本書在第四章理論分析部分指出，具有「遵循公認會計慣例」和「穩健性、謹慎性」動機價值觀的會計人員更可能贊同基於交易觀的資產定義。從表6-23可以看出，有73.56%的參與人支持「資產必須是過去交易或事項的結果」這一觀點，有50.11%的參與人支持「資產不一定是過去交易的結果，環境的變化也可能形成企業的資產」這一觀點。從表6-22的斯皮爾曼相關係數可以看出，參與人的

「遵循公認會計慣例」動機價值觀與「資產必須是過去交易或事項的結果」這一觀點存在顯著的正相關關係（rho=0.519，p=0.000），參與人的「統一性、穩健性、謹慎性和完整性」動機價值觀與「資產必須是過去交易或事項的結果」這一觀點存在顯著的正相關關係（rho=0.471,6，p=0.000），但是參與人的「遵循公認會計慣例」動機價值觀與「資產不一定是過去交易的結果，環境的變化也可能形成企業的資產」這一觀點並不存在顯著的相關關係（rho=−0.055，p=0.244），「統一性、穩健性、謹慎性和完整性」動機價值觀與這一觀點也不存在顯著的相關關係（rho=−0.075,7，p=0.107,5）。因此，受到傳統會計慣例影響的會計人員以及具有統一性、穩健性、謹慎性和完整性動機價值觀的會計人員更加傾向於認可「資產必須是過去交易或事項的結果」這一觀點。

企業會計準則認為「資產」是「由企業擁有或控制的」。但是，對權利或資源的控制並不必然會對未來使用權利或資源產生的經濟利益形成控制。本書在第四章理論分析部分指出，具有「統一性、穩健性、謹慎性和完整性」動機價值觀的會計人員更可能贊同控制應當基於現在，而不是存在於未來。從表6-23可以看出，有65.55%的參與人支持「控制針對的是未來能產生現金和現金等價物的東西」這一觀點，有90.73%的參與人支持「控制針對的是一種可能的未來經濟利益」這一觀點。從表6-22的斯皮爾曼相關係數可以看出，參與人的「統一性、穩健性、謹慎性和完整性」動機價值觀與「控制針對的是未來能產生現金和現金等價物的東西」這一觀點存在顯著的正相關關係（rho=0.244，p=0.000），但是參與人的「統一性、穩健性、謹慎性和完整性」動機價值觀與「控制針對的是一種可能的未來經濟利益」這一觀點並不存在顯著的相關關係（rho=−0.038,3，p=0.416,2）。因此，具有統一性、穩健性、謹慎性和完整性動機價值觀的會計人員更加傾向於認可「控制針對的是未來能產生現金和現金等價物的東西」這一觀點。

雖然企業會計準則認為「資產」是經濟資源。但在現行的會計實務中，還存在著將資產等同於成本的做法。這些形成資產的成本通常與資產帶來的未來經濟利益通常沒有直接的關係。具有「遵循公認會計慣例」動機價值觀的參與人，更可能遵循配比原則，從而更願意將已支出的成本作為資產處理。從表6-23可以看出，有84.78%的參與人支持「資產代表一種遞延支出」這一觀點，有63.8%的參與人支持「成本或支出代表資產」這一觀點。從表6-22的斯皮爾曼相關係數可以看出，參與人的「遵循公認會計慣例」動機價值觀與「資產代表一種遞延支出」這一觀點存在顯著的正相關關係（rho=0.422,1，p=0.000），參與人的「遵循公認會計慣例」動機價值觀與「成本或支出代表資產」這一觀點

存在顯著的正相關關係（rho=0.465,2，p=0.000）。因此，受到傳統會計慣例影響的會計人員更加傾向於認可「資產代表一種遞延支出」和「成本或支出代表資產」這些觀點。

　　Schuetze（1993）認為複雜和抽象的規則更有利於會計人員而不是公眾。具有自我超越動機價值觀的會計人員可能願意接受較為簡單的會計規則，具有自主動機價值觀的會計人員可能更願意接受複雜的會計規則。從表6-23可以看出，有53.64%的參與人支持「資產是直接或者間接導致現金和現金等價物流入企業的服務潛力」這一觀點，有79.6%的參與人支持「資產是指未來可用於與現金或其他商品和服務進行交換的東西」這一觀點。從表6-22的斯皮爾曼相關係數可以看出，參與人的「獨立的職業判斷」動機價值觀與「資產是直接或者間接導致現金和現金等價物流入企業的服務潛力」這一觀點並不存在顯著的相關關係（rho=-0.002,8，p=0.952,9），參與人的「保護公眾利益」動機價值觀與「資產是指未來可用於與現金或其他商品和服務進行交換的東西」這一觀點存在顯著的正相關關係（rho=0.406,3，p=0.000）。因此，具有保護公眾利益動機價值觀的會計人員更加傾向於認可「資產是指未來可用於與現金或其他商品和服務進行交換的東西」這一觀點。

　　上述分析表明，文化價值觀與會計人員對概念的解釋之間存在著顯著的相關關係。進一步，本書用卡方檢驗來檢驗具有不同文化價值觀的會計人員對會計概念的解釋是否不同。檢驗結果見表6-24。

　　表6-24是5條關於資產屬性的陳述，這5條陳述在表6-22中均與對應的文化價值觀之間存在著顯著的正相關關係。從表6-24可以看出，對「資產必須是過去交易或事項的結果」這一資產屬性的描述，文化價值觀與參與人對資產屬性態度獨立性卡方檢驗的卡方值為44.76，在1%的水準上顯著；對「控制針對的是未來能產生現金和現金等價物的東西」這一資產屬性的描述，文化價值觀與參與人對資產屬性態度獨立性卡方檢驗的卡方值為69.14，在1%的水準上顯著；對「代表一種遞延支出」這一資產屬性的描述，文化價值觀與參與人對資產屬性態度獨立性卡方檢驗的卡方值為130.09，在1%的水準上顯著；對「成本或支出代表資產」這一資產屬性的描述，文化價值觀與參與人對資產屬性態度獨立性卡方檢驗的卡方值為172.06，在1%的水準上顯著；對「資產是指未來可用於與現金或其他商品和服務進行交換的東西」這一資產屬性的描述，文化價值觀與參與人對資產屬性態度獨立性卡方檢驗的卡方值為48.66，在1%的水準上顯著。

　　上述結果表明，文化價值觀與參與人對這5條資產屬性態度獨立性卡方檢

驗均在1％的水準上顯著，這說明具有不同文化價值觀的會計人員對資產概念的解釋並不相同。實證檢驗的結果支持研究假說1。

表6-24　文化價值觀與參與人對資產屬性態度獨立性的卡方檢驗

資產屬性描述	卡方值	P值
必須是過去交易或事項的結果	44.76**	0.000
控制針對的是未來能產生現金和現金等價物的東西	69.14**	0.000
代表一種遞延支出	130.09**	0.000
成本或支出代表資產	172.06**	0.000
資產是指未來可用於與現金或其他商品和服務進行交換的東西	48.66**	0.000

註：＊＊表示在0.01的水準上顯著，＊表示在0.05的水準上顯著

二、研究假說二的實證檢驗結果

調查問卷第二部分是一個關於生物資產會計處理的決策有用性判斷的情景案例，並要求參與人對生物資產按照公允價值計量一系列陳述是否恰當進行判斷。為了檢驗參與人的文化價值觀與其會計信息決策有用性判斷之間的關係，本書首先在表6-25中列示了參與人對12條會計信息質量判斷的頻數分佈；其次用卡方檢驗來檢驗了具有不同文化價值觀的會計人員對會計信息質量的判斷是否不同。

表6-25　參與人會計信息決策有用性判斷的頻數分佈　（N=453）（單位:%）

會計信息質量描述	不同意見					
	強烈反對	不同意	有點不同意	有點同意	同意	強烈同意
相關性						
信息可以證實投資者過去對公司的瞭解	3.09	2.21	18.76	47.24	22.08	6.62
信息能幫助投資者預測公司的價值	2.21	3.31	20.75	48.79	22.96	1.99

表6-25(續)

會計信息質量描述	不同意見					
	強烈反對	不同意	有點不同意	有點同意	同意	強烈同意
可靠性						
信息對完整地瞭解公司的情況是必要的	5.56	52.89	31.78	8.22	1.11	0.44
信息不會使投資者的決策傾向於某一種預先確定的結果	2.88	29.27	30.38	19.96	13.53	3.99
信息如實地反應了生物資產的實際情況	5.33	38.44	24.89	20.89	8.22	2.22
信息是可信賴的	0.22	32.44	39.78	18.89	6.89	1.78
其他信息質量特徵						
信息很容易被理解	6.62	19.87	39.96	20.97	7.73	4.86
信息反應了公司的經濟實質，而不是單純為了符合準則的要求	11.04	23.62	32.45	21.63	10.15	1.1
信息在反應生物資產的情況時是謹慎的	4.01	22.94	46.1	19.15	6.24	1.56
信息對深入瞭解公司是必要的	2.43	18.1	43.05	20.31	11.7	4.42
信息提供一些關於公司的新的、及時的情況	0.88	5.52	13.91	37.75	37.31	4.64
信息能幫助評估公司業績的趨勢和在行業中的相對業績	9.27	27.60	38.63	12.58	7.06	4.86

第六章　實證研究結果　103

1. 參與人會計信息決策有用性判斷

從表6-25可以看出，有75.94%的參與人同意生物資產按照公允價值計量「可以證實投資者過去對公司的瞭解」；有73.74%的參與人同意生物資產按照公允價值計量「能幫助投資者預測公司的價值」，即參與人認為生物資產按照公允價值計量可以提供相關的會計信息。

從表6-25可以看出，有90.23%的參與人不同意生物資產按照公允價值計量「對完整地瞭解公司的情況是必要的」；有62.53%的參與人不同意生物資產按照公允價值計量「不會使投資者的決策傾向於某一種預先確定的結果」；有68.66%的參與人不同意生物資產按照公允價值計量「如實地反應了生物資產的實際情況」；有72.44%的參與人不同意生物資產按照公允價值計量使「信息是可信賴的」。即參與人認為生物資產按照公允價值計量提供的會計信息並不可靠。

因此，從會計信息相關性和可靠性權衡的角度來看，參與人認為生物資產按照公允價值計量提供的是相關但並不可靠的會計信息。

從會計信息其他質量特徵的頻數分佈來看，有66.45%的參與人不同意生物資產按照公允價值計量使「信息很容易被理解」，即參與人認為生物資產按照公允價值計量提供的會計信息並不具有可理解性；有67.11%的參與人不同意生物資產按照公允價值計量使「信息反應了公司的經濟實質，而不是單純為了符合準則的要求」，即參與人認為生物資產按照公允價值計量提供的會計信息並不符合實質重於形式的原則；有73.05%的參與人不同意生物資產按照公允價值計量使「信息在反應生物資產的情況時是謹慎的」，即參與人認為生物資產按照公允價值計量提供的會計信息並不符合謹慎性原則；有63.58%的參與人不同意生物資產按照公允價值計量使「信息對深入瞭解公司是必要的」，即參與人認為生物資產按照公允價值計量提供的會計信息並不符合重要性原則；有79.7%的參與人同意生物資產按照公允價值計量能夠「提供一些關於公司的新的、及時的情況」，即參與人認為生物資產按照公允價值計量提供的會計信息符合及時性原則；有75.5%的參與人不同意生物資產按照公允價值計量「能幫助評估公司業績的趨勢和在行業中的相對業績」，即參與人認為生物資產按照公允價值計量提供的會計信息並不具有可比性。

2. 文化價值觀與會計信息決策有用性判斷獨立性檢驗

為了檢驗具有不同文化價值觀的會計人員其會計信息決策有用性判斷是否不同，本書用非參數Pearson卡方檢驗來檢驗文化價值觀與會計信息決策有用性判斷之間是否獨立。獨立性檢驗按照調查問卷中12條會計信息決策有用性

判斷分別進行，其結果見表 6-26 至表 6-37。

從表 6-26 可以看出，對「信息可以證實投資者過去對公司的瞭解」這一陳述，維吾爾族會計人員中有 100 人表示同意，占維吾爾族參與人的 80%；哈薩克族會計人員中有 68 人表示同意，占哈薩克族參與人的 74.73%；回族會計人員中有 61 人表示同意，占回族參與人的 89.71%；漢族會計人員中有 115 人表示同意，占漢族參與人的 68.05%。對「信息可以證實投資者過去對公司的瞭解」這一陳述表示「強烈反對」的 14 名參與人中，維吾爾族參與人占 28.57%，哈薩克族參與人占 21.43%，回族參與人占 21.43%，漢族參與人占 28.57%；表示「不同意」的 10 名參與人中，維吾爾族參與人占 10%，哈薩克族參與人占 60%，漢族參與人占 30%；表示「有點不同意」的 85 名參與人中，維吾爾族參與人占 23.53%，哈薩克族參與人占 16.47%，回族參與人占 4.71%，漢族參與人占 55.29%；表示「有點同意」的 214 名參與人中，維吾爾族參與人占 22.9%，哈薩克族參與人占 23.36%，回族參與人占 14.49%，漢族參與人占 39.25；表示「同意」的 100 名參與人中，維吾爾族參與人占 29%，哈薩克族參與人占 17%，回族參與人占 26%，漢族參與人占 28%；表示「強烈同意」的 30 名參與人中，維吾爾族參與人占 73.33%，哈薩克族參與人占 3.33%，回族參與人占 13.33%，漢族參與人占 10%。

從表 6-26 可以看出，信息確證價值判斷與文化價值觀獨立性卡方檢驗的卡方值為 72.845，在 1% 的水準上顯著，因此，具有不同文化價值觀的會計人員對「信息可以證實投資者過去對公司的瞭解」這一陳述的判斷並不相同。

表 6-26　信息確證價值判斷與文化價值觀獨立性的卡方檢驗

		民族				合計
		維吾爾族	哈薩克族	回族	漢族	
強烈反對	頻數	4	3	3	4	14
	百分比	28.57	21.43	21.43	28.57	100
不同意	頻數	1	6	0	3	10
	百分比	10	60	0	30	100
有點不同意	頻數	20	14	4	47	85
	百分比	23.53	16.47	4.71	55.29	100
有點同意	頻數	49	50	31	84	214
	百分比	22.9	23.36	14.49	39.25	100

表6-26(續)

		民族				合計
		維吾爾族	哈薩克族	回族	漢族	
同意	頻數	29	17	26	28	100
	百分比	29	17	26	28	100
強烈同意	頻數	22	1	4	3	30
	百分比	73.33	3.33	13.33	10	100
Pearson Chi-Square = 72.845			$P = 0.000$		$N = 453$	

　　從表6-27可以看出，對「信息能幫助投資者預測公司的價值」這一陳述，維吾爾族會計人員中有84人表示同意，占維吾爾族參與人的67.2%；哈薩克族會計人員中有63人表示同意，占哈薩克族參與人的69.23%；回族會計人員中有59人表示同意，占回族參與人的86.76%；漢族會計人員中有128人表示同意，占漢族參與人的75.74%。對「信息能幫助投資者預測公司的價值」這一陳述表示「強烈反對」的10名參與人中，維吾爾族參與人占30%，哈薩克族參與人占30%，回族參與人占10%，漢族參與人占30%；表示「不同意」的15名參與人中，維吾爾族參與人占46.67%，哈薩克族參與人占40%，漢族參與人占13.33%；表示「有點不同意」的94名參與人中，維吾爾族參與人占32.98%，哈薩克族參與人占20.21%，回族參與人占8.51%，漢族參與人占38.3%；表示「有點同意」的221名參與人中，維吾爾族參與人占28.96%，哈薩克族參與人占23.08%，回族參與人占14.03%，漢族參與人占33.94%；表示「同意」的104名參與人中，維吾爾族參與人占19.23%，哈薩克族參與人占11.54%，回族參與人占25%，漢族參與人占44.23%；表示「強烈同意」的9名參與人中，回族參與人占22.22%，漢族參與人占77.78%。

　　從表6-27可以看出，信息預測價值判斷與文化價值觀獨立性卡方檢驗的卡方值為39.152，在1%的水準上顯著，因此，具有不同文化價值觀的會計人員對「信息能幫助投資者預測公司的價值」這一陳述的判斷並不相同。

表 6-27　　信息預測價值判斷與文化價值觀獨立性的卡方檢驗

		民族				合計
		維吾爾族	哈薩克族	回族	漢族	
強烈反對	頻數	3	3	1	3	10
	百分比	30	30	10	30	100
不同意	頻數	7	6	0	2	15
	百分比	46.67	40	0	13.33	100
有點不同意	頻數	31	19	8	36	94
	百分比	32.98	20.21	8.51	38.3	100
有點同意	頻數	64	51	31	75	221
	百分比	28.96	23.08	14.03	33.94	100
同意	頻數	20	12	26	46	104
	百分比	19.23	11.54	25	44.23	100
強烈同意	頻數	0	0	2	7	9
	百分比	0	0	22.22	77.78	100
Pearson Chi-Square = 39.152			P = 0.001		N = 453	

從表 6-28 可以看出，對「信息對完整地瞭解公司的情況是必要的」這一陳述，維吾爾族會計人員中有 6 人表示同意，占維吾爾族參與人的 4.88%；哈薩克族會計人員中有 6 人表示同意，占哈薩克族參與人的 6.59%；回族會計人員中有 21 人表示同意，占回族參與人的 30.88%；漢族會計人員中有 11 人表示同意，占漢族參與人的 6.51%。對「信息對完整地瞭解公司的情況是必要的」這一陳述表示「強烈反對」的 27 名參與人中，維吾爾族參與人占 40.74%，哈薩克族參與人占 33.33%，漢族參與人占 25.93%；表示「不同意」的 239 名參與人中，維吾爾族參與人占 27.63%，哈薩克族參與人占 20.50%，回族參與人占 10.04%，漢族參與人占 41.84%；表示「有點不同意」的 143 名參與人中，維吾爾族參與人占 29.37%，哈薩克族參與人占 18.88%，回族參與人占 16.08%，漢族參與人占 35.66%；表示「有點同意」的 37 名參與人中，維吾爾族參與人占 5.41%，哈薩克族參與人占 13.51%，回族參與人占 54.05%，漢族參與人占 27.03%；表示「同意」的 5 名參與人中，維吾爾族參與人占 40%，哈薩克族參與人占 20%，回族參與人占 20%，漢族參與人占

20%；表示「強烈同意」的 2 名參與人中，維吾爾族參與人占 100%。

從表 6-28 可以看出，信息完整性判斷與文化價值觀獨立性卡方檢驗的卡方值為 65.676，在 1% 的水準上顯著，因此，具有不同文化價值觀的會計人員對「信息對完整地瞭解公司的情況是必要的」這一陳述的判斷並不相同。

表 6-28　　信息完整性判斷與文化價值觀獨立性的卡方檢驗

		民族				合計
		維吾爾族	哈薩克族	回族	漢族	
強烈反對	頻數	11	9	0	7	27
	百分比	40.74	33.33	0	25.93	100
不同意	頻數	66	49	24	100	239
	百分比	27.62	20.50	10.04	41.84	100
有點不同意	頻數	42	27	23	51	143
	百分比	29.37	18.88	16.08	35.66	100
有點同意	頻數	2	5	20	10	37
	百分比	5.41	13.51	54.05	27.03	100
同意	頻數	2	1	1	1	5
	百分比	40	20	20	20	100
強烈同意	頻數	2	0	0	0	2
	百分比	100	0	0	0	100
Pearson Chi-Square = 65.676			$P = 0.000$		$N = 453$	

從表 6-29 可以看出，對「信息不會使投資者的決策傾向於某一種預先確定的結果」這一陳述，維吾爾族會計人員中有 44 人表示同意，占維吾爾族參與人的 35.20%；哈薩克族會計人員中有 36 人表示同意，占哈薩克族參與人的 39.56%；回族會計人員中有 20 人表示同意，占回族參與人的 29.41%；漢族會計人員中有 11 人表示同意，占漢族參與人的 40.83%。對「信息不會使投資者的決策傾向於某一種預先確定的結果」這一陳述表示「強烈反對」的 13 名參與人中，維吾爾族參與人占 23.08%，哈薩克族參與人占 30.77%，回族參與人占 15.38%，漢族參與人占 30.77%；表示「不同意」的 133 名參與人中，維吾爾族參與人占 30.83%，哈薩克族參與人占 24.81%，回族參與人占 16.54%，漢族參與人占 27.82%；表示「有點不同意」的 138 名參與人中，維吾爾族參與人占

26.81%，哈薩克族參與人占 13.04%，回族參與人占 17.39%，漢族參與人占 42.76%；表示「有點同意」的 90 名參與人中，維吾爾族參與人占 12.22%，哈薩克族參與人占 25.56%，回族參與人占 20%，漢族參與人占 42.22%；表示「同意」的 61 名參與人中，維吾爾族參與人占 34.43%，哈薩克族參與人占 21.31%，回族參與人占 3.28%，漢族參與人占 40.98%；表示「強烈同意」的 18 名參與人中，維吾爾族參與人占 66.67%，漢族參與人占 33.33%。

　　從表 6-29 可以看出，信息中立性判斷與文化價值觀獨立性卡方檢驗的卡方值為 45.83，在 1% 的水準上顯著，因此，具有不同文化價值觀的會計人員對「信息不會使投資者的決策傾向於某一種預先確定的結果」這一陳述的判斷並不相同。

表 6-29　　信息中立性判斷與文化價值觀獨立性的卡方檢驗

		民族				合計
		維吾爾族	哈薩克族	回族	漢族	
強烈反對	頻數	3	4	2	4	13
	百分比	23.08	30.77	15.38	30.77	100
不同意	頻數	41	33	22	37	133
	百分比	30.83	24.81	16.54	27.82	100
有點不同意	頻數	37	18	24	59	138
	百分比	26.81	13.04	17.39	42.76	100
有點同意	頻數	11	23	18	38	90
	百分比	12.22	25.56	20	42.22	100
同意	頻數	21	13	2	25	61
	百分比	34.43	21.31	3.28	40.98	100
強烈同意	頻數	12	0	0	6	18
	百分比	66.67	0	0	33.33	100
Pearson Chi-Square = 45.83			$P = 0.000$		$N = 453$	

　　從表 6-30 可以看出，對「信息如實地反應了生物資產的實際情況」這一陳述，維吾爾族會計人員中有 22 人表示同意，占維吾爾族參與人的 17.89%；哈薩克族會計人員中有 41 人表示同意，占哈薩克族參與人的 45.05%；回族會計人員中有 25 人表示同意，占回族參與人的 36.76%；漢族會計人員中有 53 人表示同

意，占漢族參與人的 31.36%。對「信息如實地反應了生物資產的實際情況」這一陳述表示「強烈反對」的 24 名參與人中，維吾爾族參與人占 25%，哈薩克族參與人占 54.17%，漢族參與人占 20.83%；表示「不同意」的 175 名參與人中，維吾爾族參與人占 32.57%，哈薩克族參與人占 24.86%，回族參與人占 12.57%，漢族參與人占 40%；表示「有點不同意」的 113 名參與人中，維吾爾族參與人占 35.40%，哈薩克族參與人占 9.74%，回族參與人占 18.58%，漢族參與人占 36.28%；表示「有點同意」的 94 名參與人中，維吾爾族參與人占 8.51%，哈薩克族參與人占 30.85%，回族參與人占 21.28%，漢族參與人占 39.36%；表示「同意」的 37 名參與人中，維吾爾族參與人占 18.92%，哈薩克族參與人占 32.43%，回族參與人占 8.11%，漢族參與人占 40.54%；表示「強烈同意」的 10 名參與人中，維吾爾族參與人占 70%，回族參與人占 20%，漢族參與人占 10%。

從表 6-30 可以看出，信息如實反應判斷與文化價值觀獨立性卡方檢驗的卡方值為 70.773，在 1% 的水準上顯著，因此，具有不同文化價值觀的會計人員對「信息如實地反應了生物資產的實際情況」這一陳述的判斷並不相同。

表 6-30　信息如實反應判斷與文化價值觀獨立性的卡方檢驗

		民族				合計
		維吾爾族	哈薩克族	回族	漢族	
強烈反對	頻數	6	13	0	5	24
	百分比	25	54.17	0	20.83	100
不同意	頻數	57	26	22	70	175
	百分比	32.57	14.86	12.57	40	100
有點不同意	頻數	40	11	21	41	113
	百分比	35.40	9.74	18.58	36.28	100
有點同意	頻數	8	29	20	37	94
	百分比	8.51	30.85	21.28	39.36	100
同意	頻數	7	12	3	15	37
	百分比	18.92	32.43	8.11	40.54	100
強烈同意	頻數	7	0	2	1	10
	百分比	70	0	20	10	100
Pearson Chi-Square = 70.773			$P = 0.000$		$N = 453$	

從表 6-31 可以看出，對「信息是可信賴的」這一陳述，維吾爾族會計人員中有 40 人表示同意，占維吾爾族參與人的 32%；哈薩克族會計人員中有 17 人表示同意，占哈薩克族參與人的 18.68%；回族會計人員中有 25 人表示同意，占回族參與人的 36.76%；漢族會計人員中有 43 人表示同意，占漢族參與人的 25.44%。對「信息是可信賴的」這一陳述表示「強烈反對」的 1 名參與人中，哈薩克族參與人占 100%；表示「不同意」的 147 名參與人中，維吾爾族參與人占 24.49%，哈薩克族參與人占 20.41%，回族參與人占 14.28%，漢族參與人占 40.82%；表示「有點不同意」的 180 名參與人中，維吾爾族參與人占 27.22%，哈薩克族參與人占 23.89%，回族參與人占 12.22%，漢族參與人占 36.67%；表示「有點同意」的 86 名參與人中，維吾爾族參與人占 26.74%，哈薩克族參與人占 17.44%，回族參與人占 23.26%，漢族參與人占 32.56%；表示「同意」的 31 名參與人中，維吾爾族參與人占 38.71%，哈薩克族參與人占 6.45%，回族參與人占 12.9%，漢族參與人占 41.94%；表示「強烈同意」的 8 名參與人中，維吾爾族參與人占 62.5%，回族參與人占 12.5%，漢族參與人占 25%。

從表 6-31 可以看出，信息真實性判斷與文化價值觀獨立性卡方檢驗的卡方值為 22.284，統計上並不顯著，因此，具有不同文化價值觀的會計人員對「信息是可信賴的」這一陳述的判斷不存在顯著的差異。

表 6-31　　信息真實性判斷與文化價值觀獨立性的卡方檢驗

		民族				合計
		維吾爾族	哈薩克族	回族	漢族	
強烈反對	頻數	0	1	0	0	1
	百分比	0	100	0	0	100
不同意	頻數	36	30	21	60	147
	百分比	24.49	20.41	14.28	40.82	100
有點不同意	頻數	49	43	22	66	180
	百分比	27.22	23.89	12.22	36.67	100
有點同意	頻數	23	15	20	28	86
	百分比	26.74	17.44	23.26	32.56	100
同意	頻數	12	2	4	13	31
	百分比	38.71	6.45	12.9	41.94	100

表6-31(續)

		民族				合計
		維吾爾族	哈薩克族	回族	漢族	
強烈同意	頻數	5	0	1	2	8
	百分比	62.5	0	12.5	25	100
Pearson Chi-Square＝22.284			$P=0.101$		$N=453$	

　　從表6-32可以看出，對「信息很容易被理解」這一陳述，維吾爾族會計人員中有53人表示同意，占維吾爾族參與人的42.4%；哈薩克族會計人員中有41人表示同意，占哈薩克族參與人的45.05%；回族會計人員中有15人表示同意，占回族參與人的22.06%；漢族會計人員中有43人表示同意，占漢族參與人的25.44%。對「信息很容易被理解」這一陳述表示「強烈反對」的30名參與人中，維吾爾族參與人占63.34%，哈薩克族參與人占3.33%，回族參與人占10%，漢族參與人占23.33%；表示「不同意」的90名參與人中，維吾爾族參與人占16.67%，哈薩克族參與人占14.44%，回族參與人占25.56%，漢族參與人占43.33%；表示「有點不同意」的181名參與人中，維吾爾族參與人占20.99%，哈薩克族參與人占19.89%，回族參與人占14.92%，漢族參與人占44.2%；表示「有點同意」的95名參與人中，維吾爾族參與人占28.42%，哈薩克族參與人占27.37%，回族參與人占11.58%，漢族參與人占32.63%；表示「同意」的35名參與人中，維吾爾族參與人占34.29%，哈薩克族參與人占37.14%，回族參與人占5.71%，漢族參與人占22.86%；表示「強烈同意」的22名參與人中，維吾爾族參與人占63.64%，哈薩克族參與人占9.09%，回族參與人占9.09%，漢族參與人占18.18%。

　　從表6-32可以看出，信息可理解性判斷與文化價值觀獨立性卡方檢驗的卡方值為65.975，在1%的水準上顯著，因此，具有不同文化價值觀的會計人員對「信息很容易被理解」這一陳述的判斷並不相同。

表6-32　信息可理解性判斷與文化價值觀獨立性的卡方檢驗

		民族				合計
		維吾爾族	哈薩克族	回族	漢族	
強烈反對	頻數	19	1	3	7	30
	百分比	63.34	3.33	10	23.33	100

表6-32(續)

		民族				合計
		維吾爾族	哈薩克族	回族	漢族	
不同意	頻數	15	13	23	39	90
	百分比	16.67	14.44	25.56	43.33	100
有點不同意	頻數	38	36	27	80	181
	百分比	20.99	19.89	14.92	44.2	100
有點同意	頻數	27	26	11	31	95
	百分比	28.42	27.37	11.58	32.63	100
同意	頻數	12	13	2	8	35
	百分比	34.29	37.14	5.71	22.86	100
強烈同意	頻數	14	2	2	4	22
	百分比	63.64	9.09	9.09	18.18	100
Pearson Chi-Square=65.975			$P=0.000$		$N=453$	

　　從表6-33可以看出，對「信息反應了公司的經濟實質，而不是單純為了符合準則的要求」這一陳述，維吾爾族會計人員中有55人表示同意，占維吾爾族參與人的44%；哈薩克族會計人員中有17人表示同意，占哈薩克族參與人的18.68%；回族會計人員中有19人表示同意，占回族參與人的27.94%；漢族會計人員中有58人表示同意，占漢族參與人的34.32%。對「信息反應了公司的經濟實質，而不是單純為了符合準則的要求」這一陳述表示「強烈反對」的50名參與人中，維吾爾族參與人占28%，哈薩克族參與人占24%，回族參與人占6%，漢族參與人占42%；表示「不同意」的107名參與人中，維吾爾族參與人占6.54%，哈薩克族參與人占33.64%，回族參與人占19.63%，漢族參與人占40.19%；表示「有點不同意」的147名參與人中，維吾爾族參與人占33.33%，哈薩克族參與人占17.69%，回族參與人占17.01%，漢族參與人占31.97%；表示「有點同意」的98名參與人中，維吾爾族參與人占34.69%，哈薩克族參與人占12.25%，回族參與人占17.35%，漢族參與人占35.71%；表示「同意」的46名參與人中，維吾爾族參與人占39.13%，哈薩克族參與人占10.87%，回族參與人占2.17%，漢族參與人占47.83%；表示「強烈同意」的5名參與人中，維吾爾族參與人占60%，回族參與人占20%，漢族參與人占20%。

從表 6-33 可以看出，信息實質重於形式判斷與文化價值觀獨立性卡方檢驗的卡方值為 54.987，在 1% 的水準上顯著，因此，具有不同文化價值觀的會計人員對「信息反應了公司的經濟實質，而不是單純為了符合準則的要求」這一陳述的判斷並不相同。

表 6-33　信息實質重於形式判斷與文化價值觀獨立性的卡方檢驗

		民族				合計
		維吾爾族	哈薩克族	回族	漢族	
強烈反對	頻數	14	12	3	21	50
	百分比	28	24	6	42	100
不同意	頻數	7	36	21	43	107
	百分比	6.54	33.64	19.63	40.19	100
有點不同意	頻數	49	26	25	47	147
	百分比	33.33	17.69	17.01	31.97	100
有點同意	頻數	34	12	17	35	98
	百分比	34.69	12.25	17.35	35.71	100
同意	頻數	18	5	1	22	46
	百分比	39.13	10.87	2.17	47.83	100
強烈同意	頻數	3	0	1	1	5
	百分比	60	0	20	20	100
Pearson Chi-Square = 54.987			$P = 0.000$		$N = 453$	

從表 6-34 可以看出，對「信息在反應生物資產的情況時是謹慎的」這一陳述，維吾爾族會計人員中有 52 人表示同意，占維吾爾族參與人的 41.6%；哈薩克族會計人員中有 15 人表示同意，占哈薩克族參與人的 16.48%；回族會計人員中有 20 人表示同意，占回族參與人的 29.41%；漢族會計人員中有 34 人表示同意，占漢族參與人的 20.12%。對「信息在反應生物資產的情況時是謹慎的」這一陳述表示「強烈反對」的 19 名參與人中，維吾爾族參與人占 31.58%，哈薩克族參與人占 26.31%，回族參與人占 10.53%，漢族參與人占 31.58%；表示「不同意」的 104 名參與人中，維吾爾族參與人占 17.31%，哈薩克族參與人占 21.15%，回族參與人占 21.15%，漢族參與人占 40.39%；表示「有點不同意」的 209 名參與人中，維吾爾族參與人占 23.44%，哈薩克族參與人占 23.44%，回

族參與人占 11.49%，漢族參與人占 41.63%；表示「有點同意」的 86 名參與人中，維吾爾族參與人占 39.54%，哈薩克族參與人占 11.63%，回族參與人占 13.95%，漢族參與人占 34.88%；表示「同意」的 28 名參與人中，維吾爾族參與人占 57.14%，哈薩克族參與人占 14.29%，回族參與人占 14.29%，漢族參與人占 14.29%；表示「強烈同意」的 7 名參與人中，維吾爾族參與人占 28.57%，哈薩克族參與人占 14.29%，回族參與人占 57.14%。

從表 6-34 可以看出，信息謹慎性判斷與文化價值觀獨立性卡方檢驗的卡方值為 45.589，在 1% 的水準上顯著，因此，具有不同文化價值觀的會計人員對「信息在反應生物資產的情況時是謹慎的」這一陳述的判斷並不相同。

表 6-34　信息謹慎性判斷與文化價值觀獨立性的卡方檢驗

		維吾爾族	哈薩克族	回族	漢族	合計
強烈反對	頻數	6	5	2	6	19
	百分比	31.58	26.31	10.53	31.58	100
不同意	頻數	18	22	22	42	104
	百分比	17.31	21.15	21.15	40.39	100
有點不同意	頻數	49	49	24	87	209
	百分比	23.44	23.44	11.49	41.63	100
有點同意	頻數	34	10	12	30	86
	百分比	39.54	11.63	13.95	34.88	100
同意	頻數	16	4	4	4	28
	百分比	57.14	14.29	14.29	14.29	100
強烈同意	頻數	2	1	4	0	7
	百分比	28.57	14.29	57.14	0	100
Pearson Chi-Square = 45.589			$P = 0.000$		$N = 453$	

從表 6-35 可以看出，對「信息對深入瞭解公司是必要的」這一陳述，維吾爾族會計人員中有 47 人表示同意，占維吾爾族參與人的 37.6%；哈薩克族會計人員中有 28 人表示同意，占哈薩克族參與人的 30.77%；回族會計人員中有 18 人表示同意，占回族參與人的 26.47%；漢族會計人員中有 72 人表示同意，占漢族參與人的 42.6%。對「信息對深入瞭解公司是必要的」這一陳述

表示「強烈反對」的 11 名參與人中，維吾爾族參與人占 63.64%，回族參與人占 18.18%，漢族參與人占 18.18%；表示「不同意」的 82 名參與人中，維吾爾族參與人占 28.05%，哈薩克族參與人占 19.51%，回族參與人占 24.39%，漢族參與人占 28.05%；表示「有點不同意」的 195 名參與人中，維吾爾族參與人占 24.62%，哈薩克族參與人占 24.1%，回族參與人占 14.36%，漢族參與人占 36.92%；表示「有點同意」的 92 名參與人中，維吾爾族參與人占 28.26%，哈薩克族參與人占 17.39%，回族參與人占 14.13%，漢族參與人占 40.22%；表示「同意」的 53 名參與人中，維吾爾族參與人占 24.53%，哈薩克族參與人占 16.98%，回族參與人占 7.55%，漢族參與人占 50.94%；表示「強烈同意」的 20 名參與人中，維吾爾族參與人占 40%，哈薩克族參與人占 15%，回族參與人占 5%，漢族參與人占 40%。

從表 6-35 可以看出，信息重要性判斷與文化價值觀獨立性卡方檢驗的卡方值為 25.9，在 5%的水準上顯著，因此，具有不同文化價值觀的會計人員對「信息對深入瞭解公司是必要的」這一陳述的判斷並不相同。

表 6-35　　信息重要性判斷與文化價值觀獨立性的卡方檢驗

		民族				合計
		維吾爾族	哈薩克族	回族	漢族	
強烈反對	頻數	7	0	2	2	11
	百分比	63.64	0	18.18	18.18	100
不同意	頻數	23	16	20	23	82
	百分比	28.05	19.51	24.39	28.05	100
有點不同意	頻數	48	47	28	72	195
	百分比	24.62	24.1	14.36	36.92	100
有點同意	頻數	26	16	13	37	92
	百分比	28.26	17.39	14.13	40.22	100
同意	頻數	13	9	4	27	53
	百分比	24.53	16.98	7.55	50.94	100
強烈同意	頻數	8	3	1	8	20
	百分比	40	15	5	40	100
Pearson Chi-Square=25.90			P=0.039		N=453	

從表 6-36 可以看出，對「信息提供一些關於公司的新的、及時的情況」這一陳述，維吾爾族會計人員中有 111 人表示同意，占維吾爾族參與人的 88.8%；哈薩克族會計人員中有 76 人表示同意，占哈薩克族參與人的 83.52%；回族會計人員中有 46 人表示同意，占回族參與人的 67.65%；漢族會計人員中有 128 人表示同意，占漢族參與人的 75.74%。對「信息提供一些關於公司的新的、及時的情況」這一陳述表示「強烈反對」的 4 名參與人中，漢族參與人占 100%；表示「不同意」的 25 名參與人中，維吾爾族參與人占 20%，回族參與人占 4%，漢族參與人占 76%；表示「有點不同意」的 63 名參與人中，維吾爾族參與人占 14.29%，哈薩克族參與人占 23.81%，回族參與人占 33.33%，漢族參與人占 28.57%；表示「有點同意」的 171 名參與人中，維吾爾族參與人占 26.9%，哈薩克族參與人占 24.56%，回族參與人占 12.87%，漢族參與人占 35.67%；表示「同意」的 169 名參與人中，維吾爾族參與人占 33.14%，哈薩克族參與人占 17.75%，回族參與人占 12.42%，漢族參與人占 36.69%；表示「強烈同意」的 21 名參與人中，維吾爾族參與人占 42.86%，哈薩克族參與人占 19.05%，回族參與人占 14.28%，漢族參與人占 23.81%。

從表 6-36 可以看出，信息及時性判斷與文化價值觀獨立性卡方檢驗的卡方值為 52.482，在 1% 的水準上顯著，因此，具有不同文化價值觀的會計人員對「信息提供一些關於公司的新的、及時的情況」這一陳述的判斷並不相同。

表 6-36　　信息及時性判斷與文化價值觀獨立性的卡方檢驗

		民族				合計
		維吾爾族	哈薩克族	回族	漢族	
強烈反對	頻數	0	0	0	4	4
	百分比	0	0	0	100	100
不同意	頻數	5	0	1	19	25
	百分比	20	0	4	76	100
有點不同意	頻數	9	15	21	18	63
	百分比	14.29	23.81	33.33	28.57	100
有點同意	頻數	46	42	22	61	171
	百分比	26.9	24.56	12.87	35.67	100
同意	頻數	56	30	21	62	169
	百分比	33.14	17.75	12.42	36.69	100

表6-36(續)

		民族				合計
		維吾爾族	哈薩克族	回族	漢族	
強烈同意	頻數	9	4	3	5	21
	百分比	42.86	19.05	14.28	23.81	100
Pearson Chi-Square=52.482			$P=0.000$		$N=453$	

  從表6-37可以看出，對「信息能幫助評估公司業績的趨勢和在行業中的相對業績」這一陳述，維吾爾族會計人員中有34人表示同意，占維吾爾族參與人的27.2%；哈薩克族會計人員中有24人表示同意，占哈薩克族參與人的26.37%；回族會計人員中有16人表示同意，占回族參與人的23.53%；漢族會計人員中有37人表示同意，占漢族參與人的21.89%。對「信息能幫助評估公司業績的趨勢和在行業中的相對業績」這一陳述表示「強烈反對」的42名參與人中，維吾爾族參與人占23.81%，哈薩克族參與人占2.38%，回族參與人占47.62%，漢族參與人占26.19%；表示「不同意」的125名參與人中，維吾爾族參與人占31.2%，哈薩克族參與人占19.2%，回族參與人占14.4%，漢族參與人占35.2%；表示「有點不同意」的175名參與人中，維吾爾族參與人占24%，哈薩克族參與人占24%，回族參與人占8%，漢族參與人占44%；表示「有點同意」的57名參與人中，維吾爾族參與人占29.83%，哈薩克族參與人占28.07%，回族參與人占8.77%，漢族參與人占33.33%；表示「同意」的32名參與人中，維吾爾族參與人占43.75%，哈薩克族參與人占12.5%，回族參與人占9.375%，漢族參與人占34.375%；表示「強烈同意」的22名參與人中，維吾爾族參與人占13.64%，哈薩克族參與人占18.18%，回族參與人占36.36%，漢族參與人占31.82%。

  從表6-37可以看出，信息可比性判斷與文化價值觀獨立性卡方檢驗的卡方值為65.495，在1%的水準上顯著，因此，具有不同文化價值觀的會計人員對「信息能幫助評估公司業績的趨勢和在行業中的相對業績」這一陳述的判斷並不相同。

表 6-37　信息可比性判斷與文化價值觀獨立性的卡方檢驗

		民族				合計
		維吾爾族	哈薩克族	回族	漢族	
強烈反對	頻數	10	1	20	11	42
	百分比	23.81	2.38	47.62	26.19	100
不同意	頻數	39	24	18	44	125
	百分比	31.2	19.2	14.4	35.2	100
有點不同意	頻數	42	42	14	77	175
	百分比	24	24	8	44	100
有點同意	頻數	17	16	5	19	57
	百分比	29.83	28.07	8.77	33.33	100
同意	頻數	14	4	3	11	32
	百分比	43.75	12.5	9.375	34.375	100
強烈同意	頻數	3	4	8	7	22
	百分比	13.64	18.18	36.36	31.82	100
Pearson Chi-Square = 65.495			$P = 0.000$		$N = 453$	

上述檢驗表明，除了在信息真實性的判斷上不存在顯著差異之外，具有不同文化價值觀的會計人員對會計信息決策有用性的判斷並不相同。實證檢驗結果支持研究假說 2。

三、研究假說三的實證檢驗結果

調查問卷第三部分是對謹慎性原則的一系列陳述，要求參與人考對是否同意這些陳述表達意見。為了檢驗參與人的文化價值觀與謹慎性原則態度之間的關係，本書首先在表 6-38 中列示了參與人對謹慎性原則態度的頻數分佈；其次用卡方檢驗來檢驗具有不同文化價值觀的會計人員對謹慎性原則的態度是否不同。

1. 參與人對謹慎性原則的態度

從表 6-38 可以看出，有 60.4% 的參與人不同意「收入和利得總是應當以較高的金額，而不是以較低的金額報告」，有 57.61% 的參與人不同意「資產總是應當以較高的金額，而不是以較低的金額報告」，有 58.94% 的參與人同

意「費用和損失總是應當以較高的金額，而不是以較低的金額報告」，有 59.16% 的參與人同意「負債總是應當以較高的金額，而不是以較低的金額報告」。即按照謹慎性原則進行確認時，參與人認為收入、利得和資產應當以較低的金額確認，而費用、損失和負債應當以較高的金額確認。

從表 6-38 可以看出，有 71.74% 的參與人同意「費用和損失總是應當較早而不是較晚報告」，有 66.22% 的參與人不同意「收入和利得總是應當較早而不是較晚報告」。即按照謹慎性原則進行確認時，參與人認為費用和損失總是應當較早報告，而收入和利得總是應當較晚報告。

表 6-38　參與人對謹慎性原則態度的頻數分佈　(N=453)　（單位:%）

謹慎性原則描述	不同意見					
	強烈反對	不同意	有點不同意	有點同意	同意	強烈同意
確認金額的大小						
收入和利得總是應當以較高的金額，而不是以較低的金額報告	10.4	23.45	26.55	19.03	18.14	2.43
資產總是應當以較高的金額，而不是以較低的金額報告	9.49	23.4	24.72	21.63	17.44	3.31
費用和損失總是應當以較高的金額，而不是以較低的金額報告	4.86	14.79	21.41	27.59	26.71	4.64
負債總是應當以較高的金額，而不是以較低的金額報告	4.86	16.11	19.87	27.15	28.7	3.31
確認時間的早晚						
費用和損失總是應當較早而不是較晚報告	0.44	8.39	19.43	29.8	39.29	2.65

表6-38(續)

謹慎性原則描述	不同意見					
	強烈反對	不同意	有點不同意	有點同意	同意	強烈同意
收入和利得總是應當較早而不是較晚報告	14.35	18.32	33.55	19.65	11.04	3.09

2. 文化價值與謹慎性態度獨立性檢驗

表6-39是6條關於謹慎性原則的陳述。從表6-39可以看出，對「收入和利得總是應當以較高的金額，而不是以較低的金額報告」這一陳述，文化價值觀與參與人對謹慎性原則態度獨立性卡方檢驗的卡方值為116.90，在1%的水準上顯著；對「資產總是應當以較高的金額，而不是以較低的金額報告」這一陳述，文化價值觀與參與人對謹慎性原則態度獨立性卡方檢驗的卡方值為111.66，在1%的水準上顯著；對「費用和損失總是應當以較高的金額，而不是以較低的金額報告」這一陳述，文化價值觀與參與人對謹慎性原則態度獨立性卡方檢驗的卡方值為87.52，在1%的水準上顯著；對「負債總是應當以較高的金額，而不是以較低的金額報告」這一陳述，文化價值觀與參與人對謹慎性原則態度獨立性卡方檢驗的卡方值為81.40，在1%的水準上顯著；對「費用和損失總是應當較早而不是較晚報告」這一陳述，文化價值觀與參與人對謹慎性原則態度獨立性卡方檢驗的卡方值為37.76，在1%的水準上顯著；對「收入和利得總是應當較早而不是較晚報告」這一陳述，文化價值觀與參與人對謹慎性原則態度獨立性卡方檢驗的卡方值為55.15，在1%的水準上顯著。

上述結果表明，文化價值觀與參與人對這6條謹慎性原則態度獨立性卡方檢驗均在1%的水準上顯著，這說明具有不同文化價值觀的會計人員對謹慎性原則的解釋並不相同。實證檢驗的結果支持研究假說3。

表6-39 文化價值觀與參與人對謹慎性原則態度獨立性的卡方檢驗

謹慎性原則描述	卡方值	P值
確認金額的大小		
收入和利得總是應當以較高的金額，而不是以較低的金額報告	116.90	0.000
資產總是應當以較高的金額，而不是以較低的金額報告	111.66	0.000

表6-39(續)

謹慎性原則描述	卡方值	P值
費用和損失總是應當以較高的金額，而不是以較低的金額報告	87.52	0.000
負債總是應當以較高的金額，而不是以較低的金額報告	81.40	0.000
確認時間的早晚		
費用和損失總是應當較早而不是較晚報告	37.76	0.001
收入和利得總是應當較早而不是較晚報告	55.15	0.000

四、研究假說四和五的實證檢驗結果

調查問卷第四部分為參與人提供了一個處理或有負債財務報告問題的情景案例。情景案例要求參與者假設他們自己是一家涉及訴訟案件的虛構公司的會計人員，並完成以下職業判斷決策：①是否確認或有負債；②如果決定確認一項或有負債，或有負債金額的計量。為了檢驗文化價值觀與或有負債確認和計量的關係，本書首先對參與人職業判斷決策的結果進行描述性統計；其次，本書運用方差分析來檢驗文化價值觀與或有負債確認和計量的關係。

1. 描述性統計的結果

對或有負債確認可能性以及或有負債確認金額的描述性統計見表6-40。從表6-40可以看出，或有負債確認可能性的均值為5.121，中位數為5，標準差為1.865，最小值為1，最大值為10；或有負債確認金額的均值為573.113萬，中位數為500萬，標準差為129.370萬，最小值為400萬，最大值為900萬。

表6-40　　或有負債確認情況的描述性統計　($N=453$)

或有負債確認情況	均值	中位數	標準差	最小值	最大值
或有負債確認可能性	5.121	5	1.865	1	10
或有負債確認金額（萬元）	573.113	500.000	129.370	400.000	900.000

2. 文化價值觀與或有負債確認可能性關係的方差分析

本書運用方差分析方法檢驗了漢族、維吾爾族、回族和哈薩克族會計人員對或有負債確認的可能性是否存在顯著的差異，結果見表6-41。

從表6-41的Panel A可以看出，方差檢驗的F值為30.36，P值為0.000。

這表明四個民族會計人員對或有負債確認的可能性存在顯著的差異。

從表 6-41 的 Panel B 可以看出，哈薩克族與維吾爾族在或有負債確認可能性維度的平均值差異為 1.041，平均值差異在 1% 的水準上顯著；回族與維吾爾族在或有負債確認可能性維度的平均值差異為 1.42，平均值差異在 1% 的水準上顯著；漢族與維吾爾族在或有負債確認可能性維度的平均值差異為 −0.549，平均值差異不顯著；回族與哈薩克族在或有負債確認可能性維度的平均值差異為 0.378，平均值差異不顯著；漢族與哈薩克族在或有負債確認可能性維度的平均值差異為 −1.59，平均值差異在 1% 的水準上顯著；漢族與回族在或有負債確認可能性維度的平均值差異為 0.027，平均值差異不顯著。

Panel B 的多重比較表明，哈薩克族會計人員對或有負債確認可能性的均值顯著的大於維吾爾族的均值；回族會計人員對或有負債確認可能性的均值顯著的大於維吾爾族的均值；漢族會計人員對或有負債確認可能性的均值顯著的小於哈薩克族的均值；漢族與維吾爾族、回族與哈薩克族以及漢族與回族之間在或有負債確認可能性的均值上不存在顯著的差異。因此，按參與人確認或有負債可能性的均值來看，回族最高，哈薩克族第二，維吾爾族第三，漢族第四。

檢驗結果表明，具有不同文化價值觀的會計人員在編製對外財務報告時，確認或有負債可能性是不同的。這支持研究假說 4。

表 6-41　不同民族會計人員或有負債確認可能性的方差分析

Panel A：方差分析結果					
	平方和	自由度	平均平方和	方差檢驗 F 值	P 值
組間	265.168	3	88.389	30.360	0.000
組內	1,307.154	449	2.911		
總和	1,572.322	452	3.479		

Panel B：多重比較			
		平均值差異	顯著性水準
哈薩克族	維吾爾族	1.041**	0.000
回族	維吾爾族	1.420**	0.000
漢族	維吾爾族	−0.549	0.061
回族	哈薩克族	0.378	0.591
漢族	哈薩克族	−1.590**	0.000
漢族	回族	0.027	0.994

註：多重比較使用了 Scheffe 法；**表示在 0.01 的水準上顯著，*表示在 0.05 的水準上顯著

3. 文化價值觀與或有負債確認金額關係的方差分析

本書運用方差分析方法檢驗了漢族、維吾爾族、回族和哈薩克族會計人員對或有負債確認金額是否存在顯著的差異，結果見表6-42。

從表6-42的Panel A可以看出，方差檢驗的F值為10.82，P值為0.000。這表明四個民族會計人員對或有負債確認金額存在顯著的差異。

從表6-42的Panel B可以看出，哈薩克族與維吾爾族在或有負債確認金額維度的平均值差異為10.013，平均值差異不顯著；回族與維吾爾族在或有負債確認金額維度的平均值差異為59.965，平均值差異在1%的水準上顯著；漢族與維吾爾族在或有負債確認金額維度的平均值差異為-39.404，平均值差異不顯著；回族與哈薩克族在或有負債確認金額維度的平均值差異為49.952，平均值差異不顯著；漢族與哈薩克族在或有負債確認金額維度的平均值差異為-49.417，平均值差異在1%的水準上顯著；漢族與回族在或有負債確認金額維度的平均值差異為-99.368，平均值差異在1%的水準上顯著。

Panel B的多重比較表明，回族會計人員對或有負債確認金額的均值顯著的大於維吾爾族的均值；漢族會計人員對或有負債確認金額的均值顯著的小於哈薩克族的均值；漢族會計人員對或有負債確認金額的均值顯著的小於回族的均值；哈薩克族與維吾爾族、漢族與維吾爾族以及回族與哈薩克族之間在或有負債確認金額的均值上不存在顯著的差異。因此，按參與人計量或有負債金額的均值來看，回族最高，哈薩克族第二，維吾爾族第三，漢族第四。

檢驗結果表明，具有不同文化價值觀的會計人員在編製對外財務報告時，在決定確認一項或有負債時，或有負債計量金額的大小是不同的。這支持研究假說5。

表 6-42　　不同民族會計人員或有負債確認金額的方差分析

Panel A：方差分析結果				
	平方和	自由度	平均平方和	方差檢驗 F 值	P 值
組間	509,872.761	3	169,957.587	10.820	0.000
組內	7,055,038.500	449	15,712.781		
總和	7,564,911.260	452	16,736.529		

PanelB：多重比較			
		平均值差異	顯著性水準
哈薩克族	維吾爾族	10.013	0.953

表6-42(續)

回族	維吾爾族	59.965**	0.019
漢族	維吾爾族	−39.404	0.070
回族	哈薩克族	49.952	0.105
漢族	哈薩克族	−49.417**	0.028
漢族	回族	−99.368**	0.000

註：多重比較使用了 Scheffe 法；＊＊表示在 0.01 的水準上顯著，＊表示在 0.05 的水準上顯著

五、研究假說六的實證檢驗結果

研究假說一的實證檢驗結果發現：具有不同文化價值觀的會計人員對會計概念的解釋存在顯著的差異；研究假說二的實證檢驗結果發現：具有不同文化價值觀的會計人員對會計信息決策有用性的判斷存在顯著的差異。如果文化價值觀是通過影響會計人員對會計概念的解釋，從而影響其會計職業判斷行為的，那麼會計人員對會計概念的解釋與其會計職業判斷行為之間應當存在著顯著的相關關係。

在表 6-22 中，本書發現參與人遵循公認會計慣例動機價值觀與認為「資產應當產生於過去的交易與事項」這一描述顯著正相關，而與「資產不一定是過去交易的結果，環境的變化也可能形成企業的資產」這一描述不存在顯著的相關關係。在調查問卷第二部分會計信息決策有用性判斷的情景案例中，要求參與人對生物資產按照公允價值計量所提供會計信息的決策有用性進行判斷。如果參與人對資產概念的解釋影響其決策有用性的職業判斷，那麼，認為「資產應當產生於過去的交易與事項」將認為生物資產按照公允價值計量提供的是不可靠的信息，二者之間應當存在著顯著的負相關關係；認為「資產應當產生於過去的交易與事項」與認為生物資產按照公允價值計量提供了相關信息判斷之間將不存在或存在較弱的相關關係。本書用非參數 Spearman 秩相關係數檢驗參與人對資產概念的解釋與其對會計信息決策有用性判斷之間是否存在顯著的關係，檢驗結果見表 6-43。

從表 6-43 可以看出，認為「資產應當產生於過去的交易與事項」的參與人不同意生物資產按照公允價值計量「對完整地瞭解公司的情況是必要的」（rho = −0.517,8，$p = 0.000$），不同意生物資產按照公允價值計量「不會使投資者的決策傾向於某一種預先確定的結果」（rho = −0.446,3，$p = 0.000$），不

同意生物資產按照公允價值計量「如實地反應了生物資產的實際情況」（rho = -0.534, 0, p = 0.000）以及不同意生物資產按照公允價值計量「是可信賴的」（rho = -0.073, 56, p = 0.000）。這說明認為「資產應當產生於過去的交易與事項」的參與人也會認為生物資產按照公允價值計量提供的是不可靠的信息。

從表 6-43 可以看出，參與人的「資產應當產生於過去的交易與事項」這一觀點與認為生物資產按照公允價值計量「可以證實投資者過去對公司的瞭解」這一判斷並不存在顯著的相關關係（rho = -0.041, 1, p = 0.384），與認為生物資產按照公允價值計量「能幫助投資者預測公司的價值」存在較弱的相關關係（rho = -0.152, 8, p = 0.001）。這說明認為「資產應當產生於過去的交易與事項」的參與人也會認為生物資產按照公允價值計量提供了沒有提供或僅提供微弱的相關信息。

表 6-43　資產屬性和會計信息決策有用性判斷的相關關係表　（$N=453$）

資產屬性描述	會計信息質量	會計信息決策有用性判斷	斯皮爾曼相關係數
必須是過去交易或事項的結果	可靠性	信息對完整地瞭解公司的情況是必要的	rho = -0.517, 8, p = 0.000
		信息不會使投資者的決策傾向於某一種預先確定的結果	rho = -0.446, 3, p = 0.000
		信息如實地反應了生物資產的實際情況	rho = -0.534, 0, p = 0.000
		信息是可信賴的	rho = -0.073, 56, p = 0.000
必須是過去交易或事項的結果	相關性	信息可以證實投資者過去對公司的瞭解	rho = -0.041, 1, p = 0.384
		信息能幫助投資者預測公司的價值	rho = -0.152, 8, p = 0.001

同樣，參與人對謹慎性原則的態度同樣會影響其進行或有負債確認可能性及確定或有負債確認金額的職業判斷。較為謹慎地參與人在評價或有負債確認可能性時以及確定或有負債確認金額時同樣也會較為謹慎的做出判斷。因此，認為「費用和損失總是應當較早而不是較晚報告」的參與人也會較高地評價或有負債確認的可能性，從而二者應當具有顯著的正相關關係；認為「負債總是應當以較高的金額，而不是以較低的金額報告」的參與人也會較高地評價或有負債確認的金額，從而二者也應當具有顯著的正相關關係。檢驗結果見表 6-44。

從表 6-44 可以看出，認為「費用和損失總是應當較早而不是較晚報告」的參與人確認或有負債的可能性也較高（rho = 0.325，p = 0.000）；認為「負債總是應當以較高的金額，而不是以較低的金額報告」的參與人確認或有負債的金額也較大（rho = 0.307，p = 0.000）。

從資產概念解釋與其相關的會計信息決策有用性的判斷以及謹慎性原則態度與其相關的或有負債確認和計量的判斷的實證結果均支持研究假說 6，即如果文化價值觀的差異引起會計概念解釋的差異，那麼會計概念解釋的不同，會產生會計職業判斷行為的不同。這表明，文化價值觀是對通過影響會計概念的解釋來影響會計人員的職業判斷行為的。

表 6-44　謹慎性原則態度和或有負債確認和計量判斷的相關關係表

謹慎性原則描述	或有負債確認和計量判斷	斯皮爾曼相關係數
費用和損失總是應當較早而不是較晚報告	或有負債確認可能性	rho = 0.325，p = 0.000
負債總是應當以較高的金額，而不是以較低的金額報告	或有負債確認金額	rho = 0.307，p = 0.000

本章本書用 Schwartz 等（2001）的肖像價值觀問卷（PVQ）測量了漢族、維吾爾族、哈薩克族和回族會計人員的文化價值觀。研究結果表明：①會計人員較為傾向追求服務於集體利益，而不是追求服務於個人利益；②會計人員較為傾向於通過維持確定、穩定的環境來保持現狀，而不是偏好在充滿挑戰和不確定的環境中實施職業判斷的會計行為。方差分析的結果表明，除了維護公眾利益和享樂動機價值觀之外，漢族、維吾爾族、哈薩克族和回族會計人員之間在其他 8 個動機價值觀上均存在顯著的差異，即各民族會計人員的文化價值觀存在顯著的差異。

檢驗文化價值觀與會計概念解釋之間關係的結果表明：文化價值觀與會計人員對概念的解釋之間存在著顯著的相關關係。獨立性卡方檢驗的結果表明：具有不同文化價值觀的會計人員對資產概念的解釋並不相同。研究結果支持研究假說 1。

檢驗文化價值觀與會計信息決策有用性判斷之間關係的結果表明：除了在信息真實性的判斷上不存在顯著差異之外，具有不同文化價值觀的會計人員對會計信息決策有用性的判斷並不相同。研究結果支持研究假說 2。

檢驗文化價值觀與謹慎性原則解釋之間關係的結果表明：具有不同文化價值觀的會計人員對謹慎性原則的解釋並不相同。實證檢驗的結果支持研究假說 3。

檢驗文化價值觀與負債確認和負債計量關係的結果表明：具有不同文化價值觀的會計人員在編製對外財務報告時，確認或有負債可能性是不同的，支持研究假說4；具有不同文化價值觀的會計人員在編製對外財務報告時，在決定確認一項或有負債時，或有負債計量金額的大小是不同的，支持研究假說5。

　　檢驗文化價值觀、會計概念解釋與會計信息決策有用性的判斷三者之間關係的結果表明：文化價值觀是對通過影響會計概念的解釋來影響會計人員的職業判斷行為的，支持研究假說6。

第七章 總結

本書的前 6 章已經對本項目的研究主題進行了介紹，並根據問卷調查獲得的研究數據，對文化價值觀影響會計人員應用準則的機理進行了理論分析和實證檢驗。本章對全文進行總結，包括兩個部分：研究結論和啟示；創新之處、研究局限和未來研究方向。

第一節 研究結論和啟示

一、研究結論

全球經濟一體化要求實現會計準則的國際協調，即各國使用一套全球普遍接受和認可的高質量的財務報告準則。中國的會計準則除了極個別問題尚存一定差異以外，準則體系已實現了與國際財務報告準則的實質性趨同（劉玉廷，2007）。現有研究表明：會計準則形式上的一致和實際運用上的一致之間存在著差別（Tay & Parker, 1990; Tsakumis, 2007；等等）。發布一套普遍接受和認可的會計準則只能保證會計準則形式上的一致性，但並不能保證會計人員運用會計準則時的一致性。會計準則僅僅為會計人員提供了不完全的指引，會計人員必須運用職業判斷（Brown, Collins, & Thornton, 1992）。因此，提高會計信息的可比性不僅要求會計準則形式上的一致性，更重要的是取決於會計人員解釋和運用會計準則的方式是否一致。

現行的國際財務報告準則是以原則為導向制定的，對其應用包含著大量的職業判斷問題。Hofstede（2001）認為，一項活動越需要判斷、越受到價值觀的約束，則這項活動就會越受到文化差異的影響。「會計領域中所有的活動都涉及人類的行為。……會計研究不像物理學、化學、地理學或天文學那樣關注的是無生命的物體，會計研究關注的是人類群體的行為」（Henderson 等，1998）。會計活動不是一種單純的技術過程，而是一種人類的活動，這是文化

價值觀會對會計行為產生影響的根本原因。因此，會計人員解釋和應用會計準則時的職業判斷行為必然會受到文化價值觀的影響。

國內外現有的研究表明，會計人員個人的文化價值觀會影響其職業判斷（Schultz & Lopez, 2001; Doupnik & Richter, 2004; Chand, Cummings, & Patel, 2012; 胡本源等，2012；等等）。但是現有的實證研究普遍存在著「文化價值觀如何影響會計人員職業判斷行為的邏輯線路並不清楚」這一問題。因此，本項目針對這一問題，對文化價值觀影響會計人員應用會計準則的機理進行研究。

本項目使用調查問卷方法，以新疆維吾爾自治區烏魯木齊、塔城、阿克蘇等地區的漢族、維吾爾族、哈薩克族和回族的會計人員作為調查對象，收集了453份調查問卷，對文化價值觀影響會計人員應用會計準則的機理進行了理論分析和實證研究。

第一，本書通過對會計準則與職業判斷關係的考察，發現會計準則本身是社會偏好不完備的。同時，會計準則本身就是決策程序不完備的，這是因為會計準則只能為相關決策提供必要但不充分的條件，以及必要條件本身還存在語義模糊性的問題。因此，會計人員在應用會計準則時，將實施語義判斷、實用主義判斷和制度判斷這三種類型的職業判斷。

第二，在會計信息系統運行過程中，會計人員觀察和計量交易和事項，並以適當的形式和內容列報信息，這一過程涉及到會計活動中技術與人的因素之間的相互作用。會計活動中的技術性因素涉及傳遞有關經濟事項和交易特徵的符號或信號。這一技術性因素受到會計人員如何知覺、解釋和評價這些符號或信號的影響。因此，會計人員觀察、解釋和評價行為由會計人員的認知能力和心理過程決定。會計活動中人和技術因素的相互作用必然會受到會計人員認知能力和心理過程的影響。

第三，Smith 和 Schwartz（1987）指出，當人們在社會機構中完成自己的任務時，他們的文化價值觀會幫助他們決定哪一種行為是適當的，哪些選擇對他人而言是合理的，因此，會計人員對外部環境的行為和反應受其價值觀、態度和信念的影響。來自不同文化群體的會計人員觀察、解釋和評價交易和事項的方式並不相同。Osgood 等（1957）認為，符號與符號代表的事物之間的關係會影響影響對概念含義的理解。類似「資產」「負債」這樣由指派產生的術語，由於其表徵過程依賴於其他符號，因此，使用者對其含義的理解可能並不相同。會計人員是在會計學知識框架的情境中學習會計概念的，但這一學習過程本身發生在學習者特定的文化環境之中。對符號解釋的主觀性，致使對由指

派產生術語的含義解釋極易受到使用者文化價值觀的影響。

第四，會計人員在加工會計信息時要滿足相關性和可靠性這兩種標準，常常需要在二者之間進行權衡。Baydoun 和 Willett（1995）認為財務報告包含的信息是否對使用者有用的主觀判斷是與文化相關的。會計人員對構成有用會計信息的信息質量特徵相對重要程度的判斷，如對相關性和可靠性重要程度的判斷，將會影響其在編製財務報告時使用的會計政策和方法。會計人員的這種判斷會受到其心理過程和認知能力的影響。會計人員心理過程和認知能力則受到其文化價值觀的影響。

第五，會計人員的確認和計量行為是在一些基本會計概念的指引下完成的。這些會計概念解釋企業應當如何確認、計量和報告財務要素和事項。這些會計概念包括：會計要素、會計信息質量特徵、會計的基本假設、會計的原則等。如果文化價值觀影響會計人員的認知能力和心理過程，那麼文化價值觀的不同使他們對這些會計概念的內涵意義的認知存在差異。會計概念解釋的差異將引起會計人員在確認和計量過程中職業判斷的差異。

據此，本書提出 6 個研究假設。假說 1：具有不同文化價值觀的會計人員對於會計概念的解釋是不同的；假說 2：具有不同文化價值觀的會計人員在編製對外財務報告時，其關於會計信息決策有用性的判斷是不同的；假說 3：具有不同文化價值觀的會計人員對於謹慎性原則的解釋是不同的；假說 4：具有不同文化價值觀的會計人員在編製對外財務報告時，確認或有負債可能性是不同的；假說 5：具有不同文化價值觀的會計人員在編製對外財務報告時，在決定確認一項或有負債時，或有負債計量金額的大小是不同的；假說 6：如果文化價值觀的差異引起會計概念解釋的差異，那麼會計概念解釋的不同，會產生會計職業判斷行為的不同。

本書採用 Schwartz（2001）的個人價值觀問卷 Portrait Values Questionnaire（PVQ）來度量會計人員的文化價值觀，設計了資產屬性和謹慎性原則屬性 2 個態度量表來度量來自不同文化群體的會計人員對會計概念的解釋，設計 2 個情景案例來觀察來自不同文化群體的會計人員在應用會計準則時，在會計信息決策有用性判斷、或有負債確認的判斷和或有負債計量的判斷這三個環節所涉及的會計職業判斷行為。在此基礎上，本書根據 Schwartz 的人類基礎價值觀理論，分析了文化價值觀與會計人員價值觀的關係。

本書的實證結果支持上述研究假說。具體而言，通過本書的研究發現：①除了維護公眾利益和享樂動機價值觀之外，漢族、維吾爾族、哈薩克族和回族會計人員之間在其他 8 個動機價值觀上均存在顯著的差異，即各民族會計人

員的文化價值觀存在顯著的差異。②文化價值觀與會計人員對概念的解釋之間存在著顯著的相關關係，具有不同文化價值觀的會計人員對資產概念的解釋並不相同。③具有不同文化價值觀的會計人員對會計信息決策有用性的判斷並不相同。④具有不同文化價值觀的會計人員對謹慎性原則的解釋並不相同。⑤具有不同文化價值觀的會計人員在編製對外財務報告時，確認或有負債可能性是不同的；具有不同文化價值觀的會計人員在編製對外財務報告時，在決定確認一項或有負債時，或有負債計量金額的大小是不同的。⑥文化價值觀是通過影響會計概念的解釋來影響會計人員的職業判斷行為。

本書研究結果表明，文化價值觀影響會計人員應用會計準則的機理是：文化價值觀通過影響會計人員對會計概念的解釋，從而影響其職業判斷行為的。

二、研究啟示

本書的研究啟示主要有兩個方面：

第一，會計準則全球趨同不應該僅僅停留在引入一套通用的會計準則。高質量財務信息的產生還依賴於會計人員對會計準則的一致應用。會計人員應用會計準則時，其判斷和決策行為受到文化價值觀的影響。為了實現會計準則在各國家之間真正的趨同，本書在應用會計準則時還需要瞭解文化價值觀是如何影響判斷和決策行為的。

第二，會計教育工作者應當充分考慮文化價值觀對學生會計知識學習的影響，採用與學生文化價值觀相適應的會計知識講授方式，提升會計教育和培訓的效果。例如，會計教師在講授謹慎性原則時，應當考慮學生文化價值觀中風險接受的傾向。這一點對於像新疆維吾爾自治區這樣多民族聚集的地區尤為重要。

第二節 研究貢獻、研究局限和未來的研究方向

一、研究貢獻

本書的研究發現，文化價值觀是通過影響會計概念的解釋來影響會計人員的職業判斷行為。國內外現有的研究表明，文化價值觀對會計職業判斷有重要影響。但是這些研究中普遍存在的問題是：文化價值觀如何影響會計職業判斷行為的邏輯線路並不清楚。本書的研究發現有助於搞清楚文化價值觀對會計人員應用會計準則的影響機理。這是本書的第一個研究貢獻。

本書的研究發現，文化價值觀會影響會計人員對會計概念的解釋。這一影響過程是通過文化價值觀影響會計人員的心理過程和認知能力完成的。這是本書的第二個研究貢獻。

本書在分析 Schwartz 的人類基礎價值觀理論的基礎上，形成了九種會計動機價值觀。在會計的跨文化研究中，Hofstede-Gray 框架被廣泛用來解釋不同國家之間會計職業判斷之間的差異，但是這一框架並不能從概念上充分解釋文化的深度、廣度和複雜性（Gernon & Wallace, 1995; Chow 等, 1999; Harrison & McKinnon, 1999），而 Schwartz 的個人價值觀問卷則被認為是更適宜推廣到會計領域（Doupnik & Tsakumis, 2004）。會計動機價值觀的形成有助於更好的文化價值觀與會計實務和行為之間的聯繫。這是本書的第三個研究貢獻。

二、研究局限

本研究報告認為，文化價值觀是通過影響會計人員的心理過程和認知能力，從而影響了會計人員對會計概念的解釋。因為心理過程和認知能力無法直接觀察，本書沒有直接獲取數據來檢驗這一理論。這是本書的主要研究局限。未來的研究應當利用實驗室數據來獲取這方面的證據。

三、未來的研究方向

在本書的研究基礎上，以下方面值得繼續研究：

（1）本書研究了 Schwartz 價值觀對財務報告編製過程職業判斷行為的影響，未來還可利用 Schwartz 價值觀研究文化價值觀對管理控制系統、會計教育等方面的影響。

（2）本書利用個體水準的價值觀維度研究了文化價值觀與職業判斷行為的關係，未來還可將文化水準的價值觀維度應用於會計領域的研究。

參考文獻

[1] ABEL T M, HSU F L K. Some aspects of personality and Chinese as revealed by the Rorschach Test [J]. Journal of Projective Techniques, 1949 (13): 285-301.

[2] AHARONY J, A DOTAN. A comparative analysis of auditor, manager and financial analyst interpretations of SFAS No. 5 disclosure guidelines [J]. Journal of Business Finance and Accounting, 2004, 31 (3-4): 475-504.

[3] ALTER A L, KWAN V S Y. Cultural sharing in a global village: evidence for extra cultural cognition in European Americans [J]. Journal of Personality and Social Psychology, 2009 (96): 742-760.

[4] AMBADY N, KOO J, LEE F. More than words: linguistic and non-linguistic politeness in two cultures [J]. Journal of Personality and Social Psychology, 1996 (70): 996-1,011.

[5] AMER T, HACKENBRACK K, NELSON M. Between-auditor differences in the interpretation of probability phrases [J]. Auditing: A Journal of Practice and Theory, 1994, 13 (1): 126-136.

[6] AMER T, K HACKENBRACK, M NELSON. Context-dependence of auditors』 interpretations of SFAS No. 5 probability expressions [J]. Contemporary Accounting Research, 1995, 12 (1): 25-39.

[7] BARDI A, SCHWARTZ S H. Values and behavior: strength and structure of relations [J]. Personality and Social Psychology Bulletin, 2003, 29 (10): 1,207-1,220.

[8] BASKERVILLE R F. Hofstede never studied culture [J]. Accounting Organizations and Society, 2003, 28 (1): 1-14.

[9] BAYDOUN N, R WILLETT. Cultural relevance of western accounting systems to developing countries [J]. Abacus, 2014, 31 (1): 67-92.

[10] BELKAOUI A R. The interprofessional linguistic communication of accounting concepts: an experiment in sociolinguistics [J]. Journal of Accounting Research, 1980 (18): 362-374.

[11] BELKAOUI A R, PICUR R D. Cultural determinism and the perception of accounting concepts [J]. The International Journal of Accounting, 1991 (26): 118-130.

[12] BEYTH MAROM R. How probable is probable? A numerical translation of verbal probability expressions [J]. Journal of Forecasting, 1982, 1 (3): 257-269.

[13] BRUNER J. Acts of meaning [M]. Cambridge, MA: Harvard University Press, 1990.

[14] BUDESCU D V, WALLSTEN T S. Consistency in interpretation of probabilistic phrases [J]. Organizational Behavior and Human Decision Processes, 1985 (36): 391-405.

[15] CHANCHANI S, A MACGREGOR. A synthesis of cultural studies in accounting [J]. Journal of Accounting Literature. 1999 (18): 1-30.

[16] CHAND P, CUMMINGS L, PATEL C. The effect of accounting education and national culture on accounting judgments: a comparative study of Anglo-Celtic and Chinese culture [J]. European Accounting Review, 2012 (21): 153-182.

[17] CHAND P. The effects of ethnic culture and organizational culture on judgments of accountants [J]. Advances in Accounting Incorporating Advances in International Accounting, 2012, 28 (2): 298-306.

[18] CHESLEY G R. Interpretation of uncertainty expressions [J]. Contemporary Accounting Research, 2010, 2 (2): 179-199.

[19] CHEUNG W Y, LUKE M A, MAIO G R. On attitudes towards humanity and climate change: the effects of humanity esteem and self-transcendence values on environmental concerns [J]. European Journal of Social Psychology, 2014, 44 (5): 496-506.

[20] CHIAO J Y, AMBADY N. Cultural neuroscience: parsing universality and diversity across levels of analysis [M] // S Kitayama, S Cohen. Handbook of cultural psychology. New York, NY: Guilford Press, 2007.

[21] CHIU L H. A cross-cultural comparison of cognitive styles in Chinese and American children [J]. International Journal of Psychology, 1972 (8): 235-242.

[22] CHOI I, NISBETT R E. Situational salience and cultural differences in the

correspondence bias and in the actor-observer bias [J]. Personality and Social Psychology Bulletin, 1998, 24 (9): 949-960.

[23] CLARKE V A, C L RUFFIN, D J HILL. Ratings of orally presented verbal expressions of probability by a heterogeneous sample [J]. Journal of Applied Social Psychology, 1992 (22): 638-656.

[24] COLE M. Cultural psychology: a once and future discipline [M]. Cambridge, MA: Harvard University Press, 1996.

[25] DAVIDSON R J, MCEWEN B S. Social influences on neuroplasticity: stress and interventions to promote well-being [J]. Nature Neuroscience, 2012 (15): 689-695.

[26] DE GEORGE, EMMANUEL T, X LI. A review of the IFRS-adoption literature [M]. Rochester: Social Science Electronic Publishing, 2015.

[27] DEMSKI J S. The general impossibility of normative accounting standards [J]. Accounting Review, 1973 (48): 718-723.

[28] DOUPNIK T S, E L RICCIO. The influence of conservatism and secrecy on the interpretation of verbal probability expressions in the Anglo and Latin cultural areas [J]. The International Journal of Accounting, 2006 (41): 237-261.

[29] DOUPNIK T S, M RICHTER. Interpretation of uncertainty expressions: a cross-national study [J]. Accounting Organizations and Society, 2003 (28): 15-35.

[30] DOUPNIK T S, G T TSAKUMIS. A critical review of the tests of Gray's theory of cultural relevance and suggestions for future research [J]. Journal of Accounting Literature, 2004 (23): 1-30.

[31] DOUPNIK T S, M RICHTER. The impact of culture on the interpretation of 「in context」 verbal probability expressions [J]. Journal of International Accounting Research, 2004 (3): 1-20.

[32] EREV I, COHEN B L. Verbal versus numerical probabilities: efficiency, biases, and the preference paradox [J]. Organizational Behavior and Human Decision Processes, 1990 (45): 1-18.

[33] FASB. Statement of financial accounting concepts No. 1: objectives of financial reporting by business enterprises [S]. www.fasb.org, 1978.

[34] FASB. Statement of financial accounting concepts No. 2: qualitative characteristics of accounting information [S]. www.fasb.org, 1980.

[35] FASB. Statement of financial accounting concepts No. 5: recognition and measurement in financial statements of business enterprises [S]. www.fasb.org, 1984.

[36] FECHNER H H E, A KILGORE. The influence of cultural factors on accounting practice [J]. The International Journal of Accounting, 1994 (29): 265-277.

[37] FOX C R, J R IRWIN. The role of context in the communication of uncertain beliefs [J]. Basic and Applied Social Psychology, 1998 (20): 57-70.

[38] GRAY S J. Towards a theory of cultural influence on the development of accounting systems internationally [J]. Abacus, 1988 (24): 1-15.

[39] GRAY S J, H M VINT, H M. The impact of culture on accounting disclosures: some international evidence [J]. Asia-Pacific Journal of Accounting and Economics, 1995 (2): 33-43.

[40] GUTCHESS A H, WELSH R C, BODUROGLU A. Cultural differences in neural function associated with object processing [J]. Cognitive Affective and Behavioral Neuroscience, 2006 (6): 102-109.

[41] Hall E T. Beyond culture [M]. Garden City, NY: Doubleday, 1976.

[42] HAN S, NORTHOFF G. Culture-sensitive neural substrates of human cognition: a transcultural neuroimaging approach [J]. Nature Neuroscience, 2008 (9): 646-654.

[43] HAMID S, CRAIG R, CLARKE F. Religion: a confounding cultural element in the international harmonization of accounting [J]. Abacus, 1993 (29): 131-148.

[44] HANIFFA R M, COOKE T E. Culture, corporate governance and disclosure in Malaysian corporations [J]. Abacus, 2002 (38): 317-349.

[45] HARIED A A. Measurement of meaning in financial reports [J]. Journal of Accounting Research, 1973 (11): 117-145.

[46] HARRISON G L, J L MCKINNON. Cross-cultural research in management control systems' design: a review of the current state [J]. Accounting organizations and society, 1999 (24): 483-506.

[47] HARRISON K E, L A TOMASSINI. Judging the probability of a contingent loss: an empirical study [J]. Contemporary Accounting Research, 1989, 5 (2): 642-648.

[48] HEDDEN T, KETAY S, ARON A. Cultural influences on neural substrates of attentional control [J]. Psychological Science, 2008 (19): 12-16.

[49] HEINE S J, LEHMAN D R, MARKUS H. Is there a universal need for positive self-regard? [J]. Psychological Review, 1999 (106): 766-794.

[50] HOFSTEDE G. Culture's consequences: international differences in work-related values [M]. Beverly Hills, CA: Sage, 1980.

[51] HOFSTEDE G. Cultures and organizations software of the mind [M]. Glasgow: Harper Collins Manufacturing, 1994.

[52] HOFSTEDE G. Culture's consequences: comparing values, behaviors, institutions, and organizations across nations [M]. Beverly Hills: Sage, 2001.

[53] HOFSTEDE G, G J HOFSTEDE. Cultures and organizations software of the mind: intercultural cooperation and its importance for survival [M]. 2nd ed. New York: McGraw Hill, 2005.

[54] HOFSTEDE G. Comparing regional cultures within a country: lessons from Brazil [J]. Journal of Cross-Cultural Psychology, 2010 (41): 336-352.

[55] HOFSTEDE G. Culture's consequences: international difference in work related values [M]. Beverly Hills, CA: Sage, 1980.

[56] HOFSTEDE G. Culture and organizations: software of the mind. [M]. McGraw-Hill: Maidenhead, 1991.

[57] HONG Y, MORRIS M W, CHIU C. A dynamic constructivist approach to culture and cognition [J]. American Psychologist, 2000 (55): 709-720.

[58] HOPE O-K. Firm-level disclosures and the relative roles of culture and legal origin [J]. Journal of International Financial Management and Accounting, 2003 (14): 218-248.

[59] HOUGHTON K A. True and fair view: an empirical study of connotative meaning [J]. Accounting Organizations and Society, 1987 (12): 143-152.

[60] HOUGHTON K A. The development of meaning in accounting: an intertemporal study [J]. Accounting and Finance, 1987 (27): 25-40.

[61] HOUGHTON K A. The measurement of meaning in accounting: a critical analysis of the principal evidence [J]. Accounting Organizations and Society1988, 13 (3): 263-280.

[62] HOUGHTON K A, W F MESSIER. The wording of audit reports: it's impact on the meaning of the message communicated [M] //Morality S R. Accounting

research: improvements in communication and monitoring. Norman, OK: University of Oklahoma, 1990.

[63] HOUGHTON K A. 1998. Measuring meaning in accounting: sharing connotations of underpinning concepts [C]. Osaka, Japan, 2005.

[64] HRONSKY J J F, K A HOUGHTON. The meaning of a defined accounting concept: regulatory changes and the effect on auditor decision making [J]. Accounting Organizations and Society, 2001 (26): 123-139.

[65] ISHII K, KOBAYASHI Y, KITAYAMA S. Interdependence modulates the brain response to word-voice incongruity [J]. Social Cognitive and Affective Neuroscience, 2010 (5): 307-317.

[66] ISHII K. Culture and the mode of thought: a review [J]. Asian Journal of Social Psychology, 2013 (16): 123-132.

[67] ISHII K, REYES J A, KITAYAMA S. Spontaneous attention to word content versus emotional tone: differences among three cultures [J]. Psychological Science, 2003 (14): 39-46.

[68] ISHII K, TSUKASAKI T, KITAYAMA S. Culture and visual perception: does perceptual inference depend on culture? [J]. Japanese Psychological Research, 2009 (51): 103-109.

[69] IYENGER S S, LEPPER M R. Rethinking the value of choice: a cultural perspective on intrinsic motivation [J]. Journal of Personality and Social Psychology, 1999 (76): 349-366.

[70] JI L J, NISBETT R E, SU Y. Culture, change, and prediction [J]. Psychological Science, 2010 (12): 450-456.

[71] JI L J, PENG K, NISBETT R E. Culture, control, and perception of relation-ships in the environment [J]. Journal of Personality and Social Psychology, 2000 (78): 943-955.

[72] JI L J, ZHANG Z, NISBETT R E. Is it culture or is it language? Examination of language effects in cross-cultural research on categorization [J]. Journal of Personality and Social Psychology, 2004 (87): 57-65.

[73] JIAMBALVO J, WILNER N. Auditor evaluation of contingent claims [J]. A Journal of Practice and Theory, 1985, 5 (1): 1-11.

[74] KARVEL G R. An empirical investigation of auditor communication: connotative meaning of the auditor opinion paragraph [D]. DBA dissertation, University

of Colorado at Boulder, 1979.

[75] KASHIMA E S, KASHIMA Y. Culture and language: the case of cultural dimensions and personal pronoun use [J]. Journal of Cross-Cultural Psychology, 1998 (29): 461-486.

[76] SAKATA K, SHIMIZU M, INO H. Word and voice: spontaneous attention to emotional speech in two cultures [J]. Cognition and Emotion, 2002 (16): 29-59.

[77] KITAYAMA S, USKUL A K. Culture, mind, and the brain: current evidence and future directions [J]. Annual Review of Psychology, 2011 (62): 419-449.

[78] KITAYAMA S, DUFFY S, UCHIDA Y. Self as cultural mode of being [M] //S KITAYAMA, D COHEN. Handbook of cultural psychology. New York, NY: Guilford Press, 2007.

[79] KITAYAMA S, DUFFY S, KAWAMURA T. Perceiving an object and its context in different cultures: a cultural look at New Look [J]. Psychological Science, 2003 (14): 201-206.

[80] KITAYAMA S, PARK H, SEVINCER A T. A cultural task analysis of implicit independence: comparing North America, Western Europe, and East Asia [J]. Journal of Personality and Social Psychology, 2009 (97): 236-255.

[81] KLUCKHOHNC. Values and value-orientations in the theory of action: an exploration in definition and classification [M]. Cambridge, MA: Harvard University Press, 1951.

[82] KUHNEN U, OYSERMAN D. Thinking about the self influences thinking in general: cognitive consequences of salient self-concept [J]. Journal of Experimental Social Psychology, 2002 (38): 492-499.

[83] LASWAD F, Y T MAK. Interpretations of probability expressions by New Zealand standard setters [J]. Accounting Horizons, 1997 (11): 16-23.

[84] LEUNG K. Cross-cultural differences: individual-level vs. culture-level analysis [J]. International Journal of Psychology, 1989 (24): 703-719.

[85] LEUNG K, BOND M H. The impact of cultural collectivism on reward allocation [J]. Journal of Personality and Social Psychology, 1984 (47): 793-804.

[86] LEWIS R S, GOTO S G, KONG L L. Culture and context: East Asian American and European American differences in P3 event-related potentials and self-

construal [J]. Personality and Social Psychology Bulletin, 2008 (34): 623-634.

[87] LICHTENSTEIN S, NEWMAN J R. Empirical scaling of common verbal phrases associated with numerical probabilities [J]. Psychonomic Science, 1967, 9 (10): 563-564.

[88] MARKUS H R, KITAYAMA S. Culture and the self: implications for cognition, emotion, and motivation [J]. Psychological Review, 1991 (98): 224-253.

[89] MASUDA T, KITAYAMA S. Perceived-induced constraint and attitude attribution in Japan and in the US: a case for cultural dependence of the correspondence bias [J]. Journal of Experimental Social Psychology, 2004 (40): 409-416.

[90] MASUDA T, NISBET R E. Attending holistically versus analytically: comparing the context sensitivity of Japanese and Americans [J]. Journal of Personality and Social Psychology, 2001 (81): 922-934.

[91] MASUDA T, NISBETT R E. Culture and change blindness [J]. Cognitive Science, 2006 (30): 381-399.

[92] MASUDA T, GONZALEZ R, KWAN L. Culture and aesthetic preference: comparing the attention to context of East Asians and Americans [J]. Personality and Social Psychology Bulletin, 2008 (34): 1,260-1,275.

[93] MILLER J G. Culture and the development of everyday social explanation [J]. Journal of Personality and Social Psychology, 1984 (46): 961-978.

[94] MIYAMOTO Y, KITAYAMA S. Cultural variation in correspondence bias: the critical role of attitude diagnosticity of socially constrained behavior [J]. Journal of Personality and Social Psychology, 2002 (83): 1,239-1,248.

[95] ORRIS M W, PENG K. Culture and cause: American and Chinese attributions for social and physical events [J]. Journal of Personality and Social Psychology, 1994, 67: 949-971.

[96] NA J, KITAYAMA S. Spontaneous trait inference is culture-specific, behavioral neural evidence [J]. Psychological Science, 2011 (22): 1,025-1,032.

[97] NEUMAN W L. Social research methods, qualitative and quantitative approaches [M]. 4th ed. Needham Heights: Allyn and Bacon Press, 2000.

[98] NGAIRE K. Perceptions of the true and fair view concept, an empirical investigation [J]. Abacus, 2006 (42): 205-235.

[99] NISBETT R E, COHEN D. Culture of honor: the psychology of violence

in the south [M]. Boulder, CO: Westview Press, 1996.

[100] NISBETT R E, MASUDA T. Culture and point of view [C]. Proceeding of the National Academy of Sciences, 2003 (100): 11,163-11,170.

[101] NISBETT R E, PENG K, CHOI I, et al. Culture and systems of thought, holistic vs, analytic cognition [J]. Psychological Review, 2001 (108): 291-310.

[102] NORENZAYAN A, SMITH E E, KIM B J, et al. Cultural preferences for formal versus intuitive reasoning [J]. Cognitive Science, 2002 (26): 653-684.

[103] OHLGART C, ERNST S. IFRS: Yes, no, maybe [J]. Financial Executive, 2011, 27 (8): 39-43.

[104] OLIVER B L. The semantic differential: a device for measuring the inter professional communication of selected accounting concepts [J]. Journal of Accounting Research, 1974 (12): 299-316.

[105] OSGOO C E, SUCI G J, TANNENBAUM P H. The measurement of meaning [M]. Urbana, IL: University of Illinois Press, 1957.

[106] PALLANT J. SPSS survival manual [M]. 2nd ed. Berkshire: Open University Press, 2005.

[107] PENG K, NISBETT R E, WONG N Y C. Validity problems comparing values across cultures and possible solutions [J]. Psychological Methods, 1997 (2): 329-344.

[108] Phillips L D, Wright C N. Cultural differences in viewing uncertainty and assessing probabilities [M] // H JUNGERMANN, G DE ZEEUWS. Decision making and change in human affairs. Dordrecht, Holland: Reidel Publishing Company, 1977.

[109] POWNALL G, SCHIPPER K. Implications of accounting research for the SEC's consideration of inernational accounting standards for U.S. securities offerings [J]. Accounting Horizons, 1999 (9): 259-280.

[110] REAGAN R T, MOSTELLER F, YOUTZ C. Quantitative meanings of verbal probability expressions [J]. Journal of Applied Psychology, 1989 (74): 433-442.

[111] REIMERS J L. Additional evidence on the need for disclosure reform [J]. Accounting Horizons, 1992, 6 (1): 36-41.

[112] ROBERTS C B, S B SALTER. Attitudes towards uniform accounting,

cultural or economic phenomena? [J]. Journal of International Financial Management and Accounting, 1999 (10): 121-142.

[113] ROKEACH M. The nature of human values [M]. New York: Free Press, 1973.

[114] ROSS L. The intuitive psychologist and his shortcomings, distortions in the attribution process [J]. Advances in Experimental Social Psychology, 1977 (10): 173-220.

[115] SCHUETZE W. The liability crisis, audit failures or accounting principles failures? [J]. Journal of Economics and Management Strategy, 1993 (2): 411-417.

[116] SCHUETZE W P. What is an asset? [J]. Accounting Horizons, 1993 (7): 66-70.

[117] JR J J S, T J LOPEZ. The Impact of national influence on accounting estimates, implications for international accounting standard-setters [J]. International Journal of Accounting, 2001 (36): 271-290.

[118] SCHULTZ J J, RECKERS P M J. The impact of group processing on selected audit disclosure decisions [J]. Journal of Accounting Research, 1981, 19 (2): 482-501.

[119] SCHWARTZ S H. Universals in the content and structure of values, Theoretical advances and empirical tests in 20 countries [M] // M P ZANNA. Advances in experimental social psychology. San Diego: Academic Press, 1992.

[120] SCHWARTZ S H. A theory of cultural values and some implications for work [J]. Applied psychology: an international review, 1999 (48): 23-47.

[121] SCHWARTZ S H. Basic human values [EB/OL]. (2006-06-09) http//yourmorals. org/schwartz. basic%20human%20values. pdf.

[122] SCHWARTZ S H, MELECH G, LEHMANN A, et al. Extending the cross-cultural validity of the theory of basic human values with a different method of measurement [J]. Journal of Cross-Cultural Psychology, 2001 (32): 519-542.

[123] SCHWARTZ S H, BILSKY W. Toward a psychological structure of human values [J]. Journal of Personality and social Psychology, 1987 (53): 550-562.

[124] SCOLLON R, SCOLLON S W. Intercultural communication: a discourse approach [M]. Cambridge, UK: Blackwell, 1995.

[125] SHWEDER R. Cultural psychology — what is it? [M] //J W Stigler R A, Shweder G Herdt. Cultural psychology: essays on comparative human development. New York: Cambridge University Press, 1990.

[126] SIMPSON R H. Stability in meanings for quantitative terms, a comparison over 20 years [J]. Quarterly Journal of Speech, 1963 (49): 146-151.

[127] ST PIERRE K, J ANDERSON. An analysis of the factors associated with lawsuits against public accountants [J]. The Accounting Review, 1984 (59): 242-263.

[128] STERLING R. On theory construction and verification [J]. Accounting Review, 1970, 45 (3): 444-457.

[129] STROOP J R. Studies of interference in serial verbal reaction [J]. Journal of Experimental Psychology, 1935 (18): 643-662.

[130] SUH E, DIENER E, OISHI S, TRIANDIS H C. The shifting basis of life satisfaction judgments across cultures, emotions versus norms [J]. Journal of Personality and Social Psychology, 1998 (74): 482-493.

[131] TORELLI C J, KAIKATI A M. Values as predictors of judgments and behaviors, the role of abstract and concrete mindsets [J]. Journal of Personality and Social Psychology, 2009, 96 (1): 231-247.

[132] TRIANDIS H C. The self and social behavior in differing cultural contexts [J]. Psychological Review, 1989 (96): 506-520.

[133] TRIANDIS H C, MCCUSKER C, HUI C H. Multimethod probes of individualism and collectivism [J]. Journal of Personality and Social Psychology, 1990 (59): 1,006-1,020.

[134] TSAKUMIS G T. The influence of culture on accountants』 application of financial reporting rules [J]. Abacus, 2007 (43): 27-48.

[135] TSUI J S L. The impact of culture on the relationship between budgetary participation, management accounting systems, and managerial performance, an analysis of Chinese and western managers [J]. The International Journal of Accounting, 2001 (36): 125-146.

[136] TWEEDIE D. Can global standards be principle based? [J]. The Journal of Applied Research in Accounting and Finance, 2007, 2 (1): 3-8.

[137] WALLSTEN T S, BUDESCU D V, RAPOPORT A, et al. Measuring the vague meanings of probability terms [J]. Journal of Experimental Psychology:

General, 1986, 115 (4): 348-365.

[138] WASON K D, POLONSKY M J, HYMAN M R. Designing vignettes studies in marketing [J]. Australasian Marketing Journal, 2002 (10): 41-58.

[139] WEBER E U, D J HILTON. Contextual effects in the interpretation of probability words, perceived base rate and severity of effects [J]. Journal of Experimental Psychology, Human perception and Performance, 1990, 16 (4): 781-789.

[140] WHITLEY JR B E. Principles of research in behavioural science [M]. 2nd ed. New York: McGraw-Hill, 2002.

[141] WINDSCHITL P D, G L WELLS. Measuring psychological uncertainty, verbal versus numeric methods [J]. Journal of Experimental Psychology Applied, 1996 (2): 343-364.

[142] WINGATE M L. An examination of cultural influence on audit environments [J]. Research in Accounting Regulation, 1997 (1): 129-148.

[143] WONG P. Challenges and successes in implementing international standards, achieving convergence to IFRSs and ISAs [M]. New York: International Federation of Accountants, 2004.

[144] ZARZESKI M T. Spontaneous harmonization effects of culture and market forces on accounting disclosure practices [J]. Accounting Horizons, 1996 (10): 18-36.

[145] ZEGHAL D, MHEDHBI K. An analysis of the factors affecting the adoption of international accounting standards by developing countries [J]. International Journal of Accounting, 2006, 41 (4): 373-386.

[146] ZOU X, TAM K, MORRIS M W, et al. Culture as common sense: perceived consensus versus personal beliefs as mechanisms of cultural influence [J]. Journal of Personality and Social Psychology, 2009 (97): 579-597.

[147] 埃爾登·S. 亨德里克森. 會計理論 [M]. 王澹如, 陳今池, 編譯. 上海: 立信會計出版社, 2013.

[148] 中華人民共和國財政部. 企業會計準則 2006 [M]. 北京: 經濟科學出版社, 2006.

[149] 戴維·邁爾斯. 邁爾斯心理學 [M]. 黃希庭, 等譯. 7版. 北京: 人民郵電出版社, 2011.

[150] 葛家澍. 資產概念的本質、定義與特徵 [J]. 經濟學動態, 2005 (5):

8-12.

[151] 何華. 新視野下的認知心理學 [M]. 北京：科學出版社, 2009.

[152] 胡本源, 依不拉音・玉買爾. 文化價值觀對會計估計職業判斷影響的實證研究——以新疆地區維吾爾族、漢族和回族為研究對象 [J]. 新疆財經, 2012（1）.

[153] 胡本源. 文化價值觀與會計確認和披露決策關係的實證研究 [J]. 新疆財經, 2013（2）.

[154] 胡本源. 文化價值觀與會計人員對會計概念的解釋：理論分析與經驗證據 [J]. 新疆財經大學學報, 2015（4）.

[155] 李玲, 金盛華. Schwartz 價值觀理論的發展歷程與最新進展 [J]. 心理科學, 2016, 39（1）：191-199.

[156] 劉玉廷. 中國企業會計準則體系：架構、趨同與等效 [J]. 會計研究, 2007（3）：2-8.

[157] 劉昱杉. 會計職業判斷的基本程序 [J]. 政府監督, 2007（12）.

[158] 邁克爾・杰賓斯, 梅森. 財務報告中的執業判斷 [M]. 胡志穎, 邵紅霞, 劉剛, 譯. 北京：經濟科學出版社, 2005.

[159] 鄭石橋, 等. 工作相關文化價值觀、管理控制偏好及二者關係實證研究：以新疆地區漢族、維吾爾族和回族為研究對象 [J]. 新疆社會科學, 2007（1）.

[160] 中國會計準則委員會組織. 國際財務報告準則 [M]. 北京：中國財政經濟出版社, 2016.

附錄　調查問卷

您好！感謝您參與本書的問卷調查！本書向您保證：您所提供的信息只是用於學術研究，答案會保密，不會對您及您所在單位產生任何不利影響。

本問卷是用來瞭解會計人員的文化價值觀及其會計職業判斷行為的，您的認真閱讀和填寫關乎著本次研究結論的可靠性。本問卷共分為六個部分，填寫問卷調查預計用時約40分鐘。

第一部分

下面是一些有關資產特徵的描述，請閱讀每一種描述，並在適當的方格中打「√」以示你同意或不同意的程度。請不要考慮在會計書籍和文獻中關於資產的描述，而是依據你個人對資產的理解來回答。

根據你的觀點，在財務報表中資產應該擁有什麼樣的特徵？						
1. 代表一種遞延支出	強烈同意 ☐	同意 ☐	有點同意 ☐	有點不同意 ☐	不同意 ☐	強烈反對 ☐
2. 是直接或者間接導致現金和現金等價物流入企業的服務潛力	強烈同意 ☐	同意 ☐	有點同意 ☐	有點不同意 ☐	不同意 ☐	強烈反對 ☐
3. 控制針對的是未來能產生現金和現金等價物的東西	強烈同意 ☐	同意 ☐	有點同意 ☐	有點不同意 ☐	不同意 ☐	強烈反對 ☐
4. 必須是過去交易或事項的結果	強烈同意 ☐	同意 ☐	有點同意 ☐	有點不同意 ☐	不同意 ☐	強烈反對 ☐

表(續)

5. 控制針對的是一種可能的未來經濟利益	強烈同意 ☐	同意 ☐	有點同意 ☐	有點不同意 ☐	不同意 ☐	強烈反對 ☐
6. 成本或支出代表資產	強烈同意 ☐	同意 ☐	有點同意 ☐	有點不同意 ☐	不同意 ☐	強烈反對 ☐
7. 資產不一定是過去交易的結果，環境的變化也可能形成企業的資產	強烈同意 ☐	同意 ☐	有點同意 ☐	有點不同意 ☐	不同意 ☐	強烈反對 ☐
8. 資產是指未來可用於與現金或其他商品和服務進行交換的東西	強烈同意 ☐	同意 ☐	有點同意 ☐	有點不同意 ☐	不同意 ☐	強烈反對 ☐

第二部分

　　王明是一名在 ABC 有限公司中任職的有經驗的會計師。ABC 公司主要種植橡膠樹，並出售與橡膠樹相關的產品。公司在海南省擁有大面積種植區。ABC 有限公司是一個盈利公司，在過去的 5 年中，公司利潤已實現穩步增長。在會計處理時，橡膠樹是作為生產性生物資產進行核算的。

　　《企業會計準則第 5 號——生物資產》規定：生物資產可以按歷史成本計量；當公允價值能夠持續可靠取得的，生物資產可以按公允價值計量。

　　當以歷史成本計量時，橡膠樹這種生物資產在財務報表中是以非流動資產進行列報，並以達到預定生產經營目的前的造林費等必要支出進行初始計量；在後續計量時，橡膠樹應當按期計提折舊，並根據用途計入當期損益。

　　王明認為歷史成本對於橡膠樹並不是一個適當的計量屬性，因此，它無法提供關於橡膠種植的有用信息。在公司當地存在橡膠樹交易成熟市場的情況下，王明認為公司的橡膠樹種植情況應該用橡膠樹的當期市場價值反應。另外，王明認為，橡膠樹的成長反應了管理層管理橡膠種植的能力，任何關於橡膠樹的市場價值的增加或者是減少應當在發生時計入當期損益。

　　根據上述的情景案例，這裡有 12 段關於橡膠樹應該用當前市場價值計量的陳述。作為財務報表的編製者，請根據你對這些陳述同意或不同意的程度，

在適當的方格中打「√」。這些陳述沒有正確和錯誤之分，請按照你個人的觀點來回答。

在上述情景描述中，關於「對橡膠樹按當期市場價值計量」這一信息，你的觀點是什麼？						
1. 信息可以證實投資者過去對公司的瞭解	強烈同意 □	同意 □	有點同意 □	有點不同意 □	不同意 □	強烈反對 □
2. 信息對完整地瞭解公司的情況是必要的	強烈同意 □	同意 □	有點同意 □	有點不同意 □	不同意 □	強烈反對 □
3. 信息不會使投資者的決策傾向於某一種預先確定的結果	強烈同意 □	同意 □	有點同意 □	有點不同意 □	不同意 □	強烈反對 □
4. 信息如實地反應了生物資產的實際情況	強烈同意 □	同意 □	有點同意 □	有點不同意 □	不同意 □	強烈反對 □
5. 信息很容易被理解	強烈同意 □	同意 □	有點同意 □	有點不同意 □	不同意 □	強烈反對 □
6. 信息反應了公司的經濟實質，而不是單純為了符合準則的要求	強烈同意 □	同意 □	有點同意 □	有點不同意 □	不同意 □	強烈反對 □
7. 信息在反應生物資產的情況時是謹慎的	強烈同意 □	同意 □	有點同意 □	有點不同意 □	不同意 □	強烈反對 □
8. 信息是可信賴的	強烈同意 □	同意 □	有點同意 □	有點不同意 □	不同意 □	強烈反對 □
9. 信息對深入瞭解公司是必要的	強烈同意 □	同意 □	有點同意 □	有點不同意 □	不同意 □	強烈反對 □
10. 信息提供了一些關於公司的新的、及時的情況	強烈同意 □	同意 □	有點同意 □	有點不同意 □	不同意 □	強烈反對 □

表(續)

11. 信息能幫助評估公司業績的趨勢和在行業中的相對業績	強烈同意 ☐	同意 ☐	有點同意 ☐	有點不同意 ☐	不同意 ☐	強烈反對 ☐
12. 信息能幫助投資者預測公司的價值	強烈同意 ☐	同意 ☐	有點同意 ☐	有點不同意 ☐	不同意 ☐	強烈反對 ☐

第三部分

下面是6段有關謹慎性原則特徵的描述，請閱讀每一種描述，並在適當的方格中打「√」以示你同意或不同意的程度。

根據你的觀點，當編製財務報表存在不確定性時，謹慎性原則應該擁有什麼樣的特徵?						
1. 收入和利得總是應當以較高的金額而不是以較低的金額報告	強烈同意 ☐	同意 ☐	有點同意 ☐	有點不同意 ☐	不同意 ☐	強烈反對 ☐
2. 費用和損失總是應當較早而不是較晚報告	強烈同意 ☐	同意 ☐	有點同意 ☐	有點不同意 ☐	不同意 ☐	強烈反對 ☐
3. 資產總是應當以較高的金額而不是以較低的金額報告	強烈同意 ☐	同意 ☐	有點同意 ☐	有點不同意 ☐	不同意 ☐	強烈反對 ☐
4. 收入和利得總是應當較早而不是較晚報告	強烈同意 ☐	同意 ☐	有點同意 ☐	有點不同意 ☐	不同意 ☐	強烈反對 ☐
5. 費用和損失總是應當以較高的金額而不是以較低的金額報告	強烈同意 ☐	同意 ☐	有點同意 ☐	有點不同意 ☐	不同意 ☐	強烈反對 ☐

表(續)

| 6. 負債總是應當以較高的金額而不是以較低的金額報告 | 強烈同意 ☐ | 同意 ☐ | 有點同意 ☐ | 有點不同意 ☐ | 不同意 ☐ | 強烈反對 ☐ |

第四部分

天源科技是一家註冊地在上海的中國上市公司。假設你是天源科技公司的會計工作負責人，你正在編製天源科技公司 2015 年的財務報表，且監管機構要求上市公司在編製年度財務報告時應按照《企業會計準則 13 號——或有事項》的要求對或有事項進行會計處理。現在，你必須根據下述案例中的相關事實決定如何應用這項會計準則。此外，財務會計的淨收益並不用來作為納稅的基礎。因此，你應用這項會計準則的方式對你公司的應納稅所得額的計算沒有影響。

《企業會計準則 13 號——或有事項》第四條規定如下：

與或有事項相關的義務同時滿足下列條件的，應當確認為預計負債：（一）該義務是企業承擔的現時義務；（二）履行該義務很可能導致經濟利益流出企業；（三）該義務的金額能夠可靠地計量。

案例資料：

2015 年 3 月，天源科技公司因涉嫌侵害一項專利權而被起訴。起訴方認為天源科技公司非法使用了該公司一項芯片製造專利權。現在，起訴方試圖通過訴訟方式從天源科技公司獲得賠償。

天源科技公司和起訴方都是聲譽良好的公司，這兩家公司都由訓練有素、能勝任職業經理的人進行管理。此外，這兩家公司在過去的幾年中經營情況穩定，財務業績良好。

2015 年 11 月，天源科技公司的法律顧問稱，他們準備與原告律師協商賠償金額問題，並估計公司將要支付的賠償金額大概在 400 萬元至 900 萬元。這筆賠償金對天源科技公司報表的編製有著重要影響。在 2015 年 12 月底天源科技公司開始編製財務報表時，兩家公司還未開始協商賠償事宜。

職業判斷決策：

假設你是天源科技公司的會計工作負責人，現在將由你來決定針對本公司的

這項法律訴訟行為應採用的恰當會計處理方法。根據《企業會計準則 13 號——或有事項》的會計處理要求，在編製天源科技公司 2015 年的財務報表時：

在以下刻度中，請指出你是否會在天源科技公司 2015 年 12 月 31 日的資產負債表中確認一項負債（這項負債的確認會引起財務報告淨收益的減少），請在能代表你選擇的強烈程度的數字上畫圈。

　　　　　　　　1　2　3　4　5　│　6　7　8　9　10
絕對不會確認負債　　　　　　　　　　　　　　　　肯定會確認負債

如果你決定確認一項負債（即你在上述刻度中選擇了「6」以上的數字時），那麼你確認的金額是多少？請在 400 萬元～900 萬元中指出你確認的金額。

你確認的金額是（　　　）元

第五部分

這一部分共有 40 段描述。請認真讀完每一段描述後，思考所描述的人與自己是否有相似之處，並根據實際情況在右邊相應的方框內打「√」。請注意，這是一項科學調查研究，請給出您真實的想法，答案將會保密。

1. 靈活的頭腦和豐富的想像力對他/她來說很重要。他/她喜歡有自己獨特的做事方式。	非常像 □	像 □	有些像 □	僅一點兒像 □	不像 □	完全不像 □
2. 富裕對他/她來說很重要。他/她希望自己有很多很多的錢並擁有許多昂貴的東西。	非常像 □	像 □	有些像 □	僅一點兒像 □	不像 □	完全不像 □
3. 他/她認為人人平等很重要。他/她相信生活中應該人人機會均等。	非常像 □	像 □	有些像 □	僅一點兒像 □	不像 □	完全不像 □

表(續)

4. 對他/她來說,把自己的能力表現出來很重要。他/她希望以此得到人們的欣賞和欽佩。	非常像 □	像 □	有些像 □	僅一點兒像 □	不像 □	完全不像 □
5. 安全的生活環境對他/她來說很重要。他/她避免任何會危及自身安全的事情。	非常像 □	像 □	有些像 □	僅一點兒像 □	不像 □	完全不像 □
6. 他/她認為豐富多彩的人生經歷很重要。他/她熱衷於嘗試新鮮的事物。	非常像 □	像 □	有些像 □	僅一點兒像 □	不像 □	完全不像 □
7. 他/她認為人們應該懂得安分守己。在他/她看來,人們隨時都要規規矩矩,即使在沒有旁人注意的時候。	非常像 □	像 □	有些像 □	僅一點兒像 □	不像 □	完全不像 □
8. 廣泛地聽取他人的意見和想法對他/她來說很重要。即使他/她和別人意見不合,他/她仍然想理解他們。	非常像 □	像 □	有些像 □	僅一點兒像 □	不像 □	完全不像 □
9. 他/她認為懂得知足很重要。在他/她看來,人們應該為自己所擁有的感到滿足。	非常像 □	像 □	有些像 □	僅一點兒像 □	不像 □	完全不像 □

表(續)

10. 他/她總是不失時機地給自己找樂子。所做的事情能給自己帶來樂趣和享受對他/她來說很重要。	非常像 ☐	像 ☐	有些像 ☐	僅一點兒像 ☐	不像 ☐	完全不像 ☐
11. 凡事自己做主對他/她來說很重要。他/她喜歡自主地籌劃安排自己的活動。	非常像 ☐	像 ☐	有些像 ☐	僅一點兒像 ☐	不像 ☐	完全不像 ☐
12. 幫助自己周圍的人對他/她來說很重要。他/她希望讓他們過上幸福的生活。	非常像 ☐	像 ☐	有些像 ☐	僅一點兒像 ☐	不像 ☐	完全不像 ☐
13. 做一名成功者對他/她來說很重要。他/她喜歡讓別人佩服自己。	非常像 ☐	像 ☐	有些像 ☐	僅一點兒像 ☐	不像 ☐	完全不像 ☐
14. 祖國的安危對他/她來說非常重要。他/她認為政府必須時刻警惕各種內憂外患。	非常像 ☐	像 ☐	有些像 ☐	僅一點兒像 ☐	不像 ☐	完全不像 ☐
15. 他/她富有冒險精神。他/她總是熱衷於參與各種冒險（探險）活動。	非常像 ☐	像 ☐	有些像 ☐	僅一點兒像 ☐	不像 ☐	完全不像 ☐
16. 保持個人行為舉止得體對他/她來說很重要。他/她不希望做出任何會引起別人非議的事情。	非常像 ☐	像 ☐	有些像 ☐	僅一點兒像 ☐	不像 ☐	完全不像 ☐

表(續)

17. 領導和指揮別人對他/她來說很重要。他/她想讓別人圍著自己轉。	非常像 ☐	像 ☐	有些像 ☐	僅一點兒像 ☐	不像 ☐	完全不像 ☐
18. 保持對朋友忠心耿耿對他/她來說很重要。他/她真心地希望能夠為親人和朋友們付出一切。	非常像 ☐	像 ☐	有些像 ☐	僅一點兒像 ☐	不像 ☐	完全不像 ☐
19. 他/她堅信人們應該關愛大自然。愛護環境對他/她來說很重要。	非常像 ☐	像 ☐	有些像 ☐	僅一點兒像 ☐	不像 ☐	完全不像 ☐
20. 宗教信仰對他/她很重要。他/她努力地按照教規教義來為人處世。	非常像 ☐	像 ☐	有些像 ☐	僅一點兒像 ☐	不像 ☐	完全不像 ☐
21. 把東西打理得乾淨整齊對他/她來說很重要。他/她非常不喜歡把東西胡亂地堆放在一起。	非常像 ☐	像 ☐	有些像 ☐	僅一點兒像 ☐	不像 ☐	完全不像 ☐
22. 他/她認為生活中處處留心很重要。他/她喜歡用一顆好奇的心去洞察瞭解各種各樣的事物。	非常像 ☐	像 ☐	有些像 ☐	僅一點兒像 ☐	不像 ☐	完全不像 ☐
23. 他/她相信世界上所有的人都應該和睦相處。促進世界各族人民和平相處對他/她來說很重要。	非常像 ☐	像 ☐	有些像 ☐	僅一點兒像 ☐	不像 ☐	完全不像 ☐

表(續)

24. 他/她認為胸懷理想和抱負很重要。他/她希望將自己的能力充分地展示出來。	非常像 ☐	像 ☐	有些像 ☐	僅一點兒像 ☐	不像 ☐	完全不像 ☐
25. 他/她認為處事的最好方式便是遵從傳統。對他/她而言，繼承和發揚傳統的風俗習慣很重要。	非常像 ☐	像 ☐	有些像 ☐	僅一點兒像 ☐	不像 ☐	完全不像 ☐
26. 享受生活中的樂趣對他/她來說很重要。他/她喜歡「嬌慣」自己。	非常像 ☐	像 ☐	有些像 ☐	僅一點兒像 ☐	不像 ☐	完全不像 ☐
27. 體貼關心別人的需要和困難對他/她來說很重要。他/她盡量地支持幫助那些他/她所認識的人。	非常像 ☐	像 ☐	有些像 ☐	僅一點兒像 ☐	不像 ☐	完全不像 ☐
28. 懂得聽話和順從對他/她來說很重要。他/她認為自己始終都要尊敬父母和老年人。	非常像 ☐	像 ☐	有些像 ☐	僅一點兒像 ☐	不像 ☐	完全不像 ☐
29. 他/她渴望正義在每個人（即使是不認識的人）面前都能得到伸張。保護社會中的弱者對他/她來說很重要。	非常像 ☐	像 ☐	有些像 ☐	僅一點兒像 ☐	不像 ☐	完全不像 ☐

表(續)

30. 他/她喜歡生活中驚喜不斷。生活過得刺激對他/她來說很重要。	非常像 ☐	像 ☐	有些像 ☐	僅一點兒像 ☐	不像 ☐	完全不像 ☐
31. 他/她千方百計地避免生病，保持身體健康對他/她來說非常重要。	非常像 ☐	像 ☐	有些像 ☐	僅一點兒像 ☐	不像 ☐	完全不像 ☐
32. 生活中保持積極上進對他/她來說很重要。他/她努力拼搏，力爭比別人做得更好。	非常像 ☐	像 ☐	有些像 ☐	僅一點兒像 ☐	不像 ☐	完全不像 ☐
33. 原諒傷害過自己的人對他/她來說很重要。他/她會盡量地去發現他們好的方面而不對他們懷恨在心。	非常像 ☐	像 ☐	有些像 ☐	僅一點兒像 ☐	不像 ☐	完全不像 ☐
34. 保持獨立自主對他/她來說很重要。他/她喜歡凡事依靠自己。	非常像 ☐	像 ☐	有些像 ☐	僅一點兒像 ☐	不像 ☐	完全不像 ☐
35. 政府的穩定對他/她來說很重要。他/她很關心社會秩序是否得到保護。	非常像 ☐	像 ☐	有些像 ☐	僅一點兒像 ☐	不像 ☐	完全不像 ☐
36. 禮貌待人對他/她來說很重要。他/她盡可能地做到從來不去打擾或惹惱別人。	非常像 ☐	像 ☐	有些像 ☐	僅一點兒像 ☐	不像 ☐	完全不像 ☐

表(續)

37. 他/她非常渴望享受生活。對他/她來說，過得開心非常重要。	非常像 ☐	像 ☐	有些像 ☐	僅一點兒像 ☐	不像 ☐	完全不像 ☐
38. 保持謙遜對他/她來說很重要。他/她盡量避免引起別人的注意。	非常像 ☐	像 ☐	有些像 ☐	僅一點兒像 ☐	不像 ☐	完全不像 ☐
39. 他/她總是希望凡事都可以由自己來決策。他/她很樂意擔任領導的角色。	非常像 ☐	像 ☐	有些像 ☐	僅一點兒像 ☐	不像 ☐	完全不像 ☐
40. 主動地適應自然並融於自然對他/她來說很重要。他/她覺得人們不應該改變大自然。	非常像 ☐	像 ☐	有些像 ☐	僅一點兒像 ☐	不像 ☐	完全不像 ☐

第六部分

請提供關於自己的一些背景信息，並在合適的選項上打「√」，每題請選擇一個答案。

1. 您的年齡？
☐20歲以下 ☐20~24歲 ☐25~29歲 ☐30~34歲
☐35~39歲 ☐40~49歲 ☐50~59歲 ☐60歲以上

2. 您的性別？
☐女 ☐男

3. 您受教育的程度？
☐初中及其以下 ☐中專或高中 ☐大專或大學本科 ☐碩士及其以上

4. 您的崗位？
☐公司副總經理及其以上 ☐有一個或多個下級的管理人員 ☐沒有下級的員工

5. 您的民族？
□維吾爾族　□哈薩克族　□回族　□漢族

6. 您從事會計工作的年限是（　　）年。

7. 您在哪裡完成了您的小學教育？
□新疆　□除新疆外的其他省份

8. 您在哪裡完成了您的初中教育？
□新疆　□除新疆外的其他省份

9. 您在哪裡完成了您的高中教育？
□新疆　□除新疆外的其他省份

問卷填寫完畢，再次感謝您的參與，我們對您的大力支持和協助表示最誠摯的謝意！

國家圖書館出版品預行編目（CIP）資料

文化價值觀與會計準則應用 / 胡本源 著. -- 第一版.
-- 臺北市：財經錢線文化, 2019.10
　　面；　公分
POD版

ISBN 978-957-680-382-6(平裝)

1.會計人員 2.會計制度 3.中國

495　　　　　　　　　　　　　　　　　　108016727

書　　名：文化價值觀與會計準則應用
作　　者：胡本源 著
發 行 人：黃振庭
出 版 者：財經錢線文化事業有限公司
發 行 者：財經錢線文化事業有限公司
E - m a i l：sonbookservice@gmail.com
粉 絲 頁：　　　　　網　址：
地　　址：台北市中正區重慶南路一段六十一號八樓 815 室
8F.-815, No.61, Sec. 1, Chongqing S. Rd., Zhongzheng
Dist., Taipei City 100, Taiwan (R.O.C.)
電　　話：(02)2370-3310　傳　真：(02) 2388-1990
總 經 銷：紅螞蟻圖書有限公司
地　　址：台北市內湖區舊宗路二段 121 巷 19 號
電　　話:02-2795-3656 傳真:02-2795-4100　　網址：
印　　刷：京峯彩色印刷有限公司（京峰數位）

　　本書版權為西南財經出版社所有授權崧博出版事業股份有限公司獨家發行電子
　書及繁體書繁體字版。若有其他相關權利及授權需求請與本公司聯繫。

定　　價：330元
發行日期：2019 年 10 月第一版
◎ 本書以 POD 印製發行